Osprey Aviation Elite

Lentolaivue 24

Kari Stenman
Kalevi Keskinen

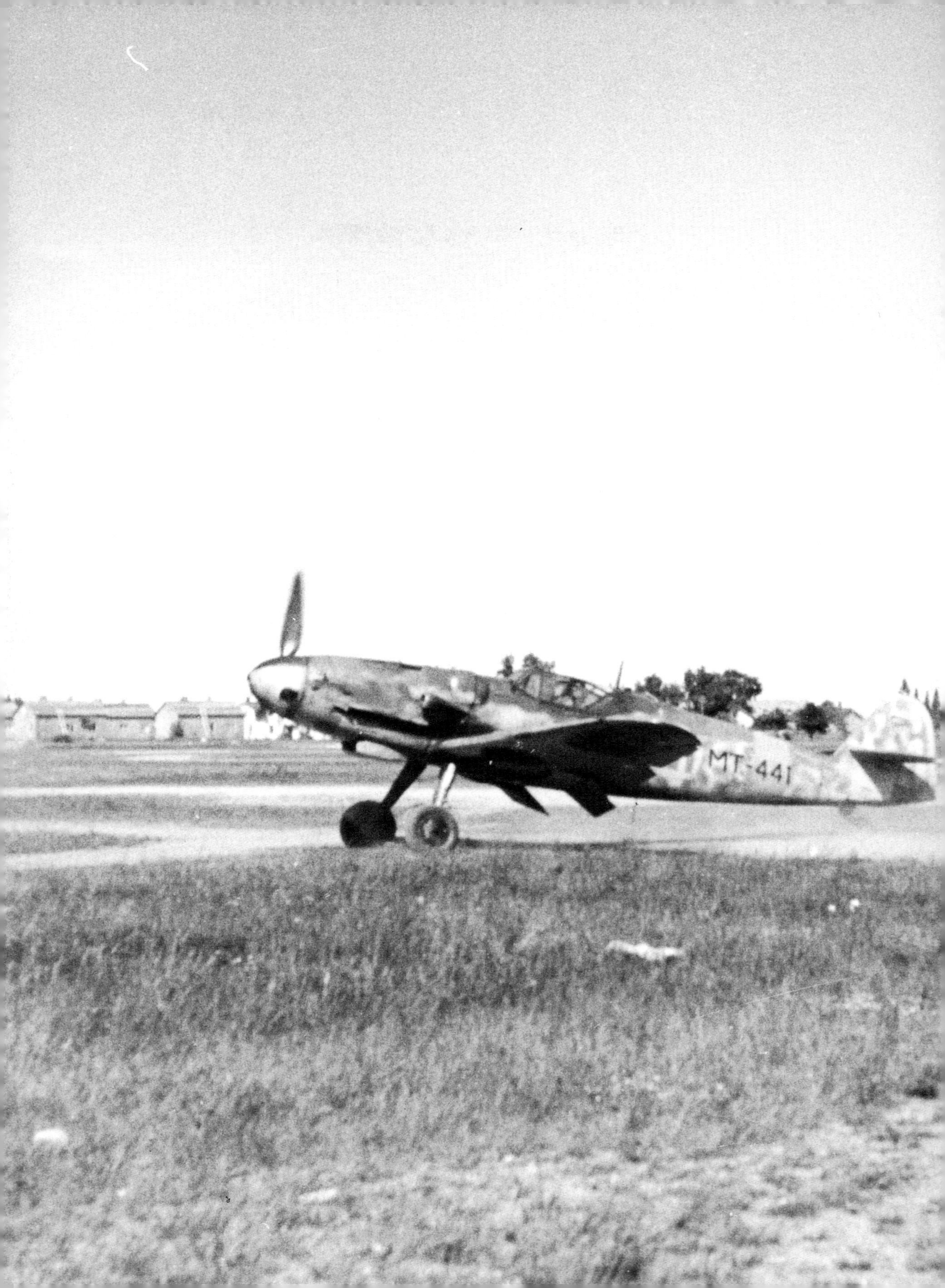
MT-441

Osprey Aviation Elite

「オスプレイ軍用機シリーズ」
49

フィンランド空軍
第24戦隊

[著者]
カリ・ステンマン×カレヴィ・ケスキネン
[訳者]
齋木伸生

大日本絵画

カバー・イラスト/イアン・ワイリー
カラー塗装図/トム・タリス
フィギュア・イラスト/マイク・チャベル
スケール図面/マーク・スタイリング

カバー・イラスト解説
1943年1月24日、1440（14時40分）、ヨルマ・サルヴァント大尉が、第24戦隊第1飛行隊の5機のブルーステル・モデル239とともにスーラヤルヴィ基地を離陸し、フィンランド湾を越えて「狩り」のため東に向かう。ソ連軍はレニングラード（現・サンクトペテルブルグ）のすぐ東のクロンシュタットに大きな海、空軍基地を有しており、フィンランド軍パイロットは彼らの出撃が迎撃を受けると知っていた。クロンシュタットに近づいた機体、ハンス・ウィンド中尉（ブルーステルの第2ペアの長機）は、2機のI-16「ラタ」と7機の「スピットファイア」（実際にはLaGG-3）に護衛された6機のIl-2を、フィンランド機の下方に認めた。一瞬の後、彼はさらに5機のPe-2と13機のI-16を発見した。これらの機体はすべて東を向いて、クロンシュタットとオラニエンバウムのソ連軍飛行場に向かってゆっくりと降下していた。ウィンド（BW-393に搭乗）と彼の僚機は、太陽を背にして、彼らに一番近い2機の「ラタ」を攻撃し、地上から100mに満たない高度で最初の敵を飛び越した。I-16はウィンドのブルーステルからの短い射撃で致命傷を受け、クロンシュタットの滑走路のすぐ西の森に墜落した。撃墜は（ウィンドの戦争中の15機目の戦果）、彼の僚機、ヴィクトル・ピヨツィア准尉と、セイバストのフィンランド軍地上監視所が確認した。それから両パイロットともにもとの高度まで上昇し、上空で荒れ狂うI-16が護衛するPe-2編隊との戦闘に加わった。ウィンドは順番に別の2機の「ラタ」と2機のPe-2に射撃したが、機関銃が詰まったため基地に機首を向けねばならなかった。フィンランド空軍パイロットは、相手のロシア機はなんと真冬にもかかわらず、機体を緑の夏季迷彩に塗装していると報告している。

カバー裏表紙写真解説
1943年6月1日、第24戦隊第3飛行隊長ヨッペ・カルフネン大尉は、全戦隊の隊長に任命された。写真はスーラヤルヴィ基地で撮影。大尉はブルーステル・モデル239（BW-366）の尾翼の前でポーズをとっている。戦闘機の尾翼には、マンネルヘイム十字章受章者の全空中撃墜記録31機が示されている。その最後の戦果は1943年5月4日に記録されたものである。（SA-kuva）

前頁見開写真解説
1944年7月3日、ラッペーンランタ基地で出撃の合間に撮影された、第24戦隊第3飛行隊の2機のMe109G-6。MT-441「黄色の1」（左）は、1944年6月29日までアハティ・ライティネン中尉が搭乗していた。同日中尉は損傷したMe109G-6、MT-439から脱出して捕虜となった。この時点までにライティネンは75回出撃し、10機の撃墜を主張している。このうち6機がMT-441によるものである。2番目のグスタフはMT-476「黄色の7」で、この機体はニルス・カタヤイネン上級軍曹にたった48時間だけ！わりあてられた機体であった。1944年7月5日、彼は本機を使用して撃墜を記録したが、返り討ちに会って負傷し、500km/hで不時着し、奇跡的にも、事故から生還した。ニルスは196回の出撃で35.5機の撃墜を記録し、1944年12月21日にマンネルヘイム十字章（フィンランドの軍事上の最高勲章）を受章している。（SA-kuva）

［訳註：Yak-9は1942年初飛行。Yak-7の改良型で、木材に変わって供給が増加した軽合金を使用するとともに、胴体、キャノピーその他の設計が洗練された結果、全体的に性能が向上している。全長8.66m、全幅9.74m、総重量3025kg、最高速度597km/h。エンジン：M-105PF（1260馬力）、武装：12.7mm機関銃1挺、20mm機関砲1挺、爆弾200kg］

凡例
■冬戦争および継続戦争に登場する主なフィンランド空軍戦闘機の機体登録記号と機種を以下に示した。
BU→ブリストル・ブルドッグ、BW→ブルースター B-239バッファロー、CU→カーチス・ホーク、FA→フィアット G.50、FR→フォッカー D.XXI、GL→グロスター・グラジエーター、HC→ホーカー・ハリケーン、MS→モラヌ＝ソルニエ MS406およびメルケ＝モラン、MT→メッサーシュミット Me109、VH＝I-153

翻訳にあたっては「Osprey Aviation Elite 4 Lentolaivue 24」の2001年に刊行された初版を底本としました。

目次 contents

6 1章 控えめな始まり
HUMBLE BEGININGS

10 2章 冬戦争
WINTER WAR

30 3章 攻撃態勢
FINNISH OFFENSIVE

47 4章 陣地戦
STATIONARY WAR

96 5章 ソ連軍の攻勢
SOVIET OFFENSIVE

82 カラー塗装図
colour plates

126 カラー塗装図 解説

122 付録
appendices
指揮官リスト
作戦損失
戦隊のエース

chapter 1
控えめな始まり
HUMBLE BEGININGS

　南東フィンランドにあるウッティ飛行場は、1918年6月のフィンランド空軍の創設——フィンランドが帝政ロシアから独立を宣言した半年後——以後、長い間「戦闘機パイロットの揺り籠」と見なされて来た。国内で唯一の陸上機の飛行場として、ウッティは何十年にわたって、国内におけるすべての飛行訓練および前線戦闘機部隊の故郷であった。

　実際、1929年になってやっと、ヴィープリ近郊のスール・メリヨキに、2番目の軍用飛行場が建設されたのである。このときまでに、フィンランド空軍は、ワルター・キルケ少将を長とするイギリス軍事顧問団の指示によって、有力な水上航空部隊を創建していた。

　飛行艇と水上機は、1930年代半ばまでフィンランド軍用航空の支配的地位にあり続け、これは空軍が第二次世界大戦の初めに、あれほど少ない戦闘機戦力しか持たなかった主要な理由であった。別の主要な理由としては、戦前の貧弱なフィンランド軍事予算の多くが海軍の体裁を空しく整えるために購入された2隻の3900tの軽巡洋艦［訳註：海防戦艦の「イルマリネン」と「ヴァイナモイネン」のこと。両艦は基準排水量3900t、全長93m、最大幅16.9m、武装には25.4cm連装砲2基、10.5cm連装砲4基他を搭載し、最大速力は16ノットであった］に投入されたからであった！　これらの軍艦はその後第二次世界大戦中、ほとんど使用されることはなかった。というのも彼らはフィンランド湾の錯綜した多島海のせいで、海上では航空攻撃にたいして、非常に脆弱であったからである。

　最終的に空軍の近代化は、1933年7月15日に開始された。一連の新しい飛行場が建設され、それぞれが1個ないし2個のそれまでに設立されていた飛行中隊に割り当てられた。ウッティは第1航空基地と命名され、その中隊にもまた番号が付けられた——陸軍直協部隊は第10戦隊となり、戦闘機隊は第24戦隊となった。

　第24戦隊は当時、3年前に受領されたライセンス生産のグロスター・ゲームコックⅢ［訳註：ゲームコック（闘鶏）は1924年8月に初飛行、旋回性を重視した軽量、小型の複葉単座の戦闘機。全長6.04m、全幅9.16m、総重量1389kg、最高速度252km/h。エンジン：グローム・ノーヌ・ジュピターⅣ 9Ab（420馬力）または9Hk（450馬力）、武装：7.7mm機関銃2挺］を装備していた。ゲームコックはフランス製のゴールド・レジオーレGL-21（1923年に20機購入）［訳註：1920年初飛行。第一次世界大戦末期に開発されたGL-1の発展型でパラソル型の翼を持つ単葉単座戦闘機。全長6.43m、全幅9.4m、総重量960kg、最高速度240km/h。エンジン：イスパノ=スイザ8Ab（180馬力）、武装：7.7mm機関銃2挺］、そしてイギリス製のマーチンサイドF.4バザード（15機調達）［訳註：バザード（ノスリ）は

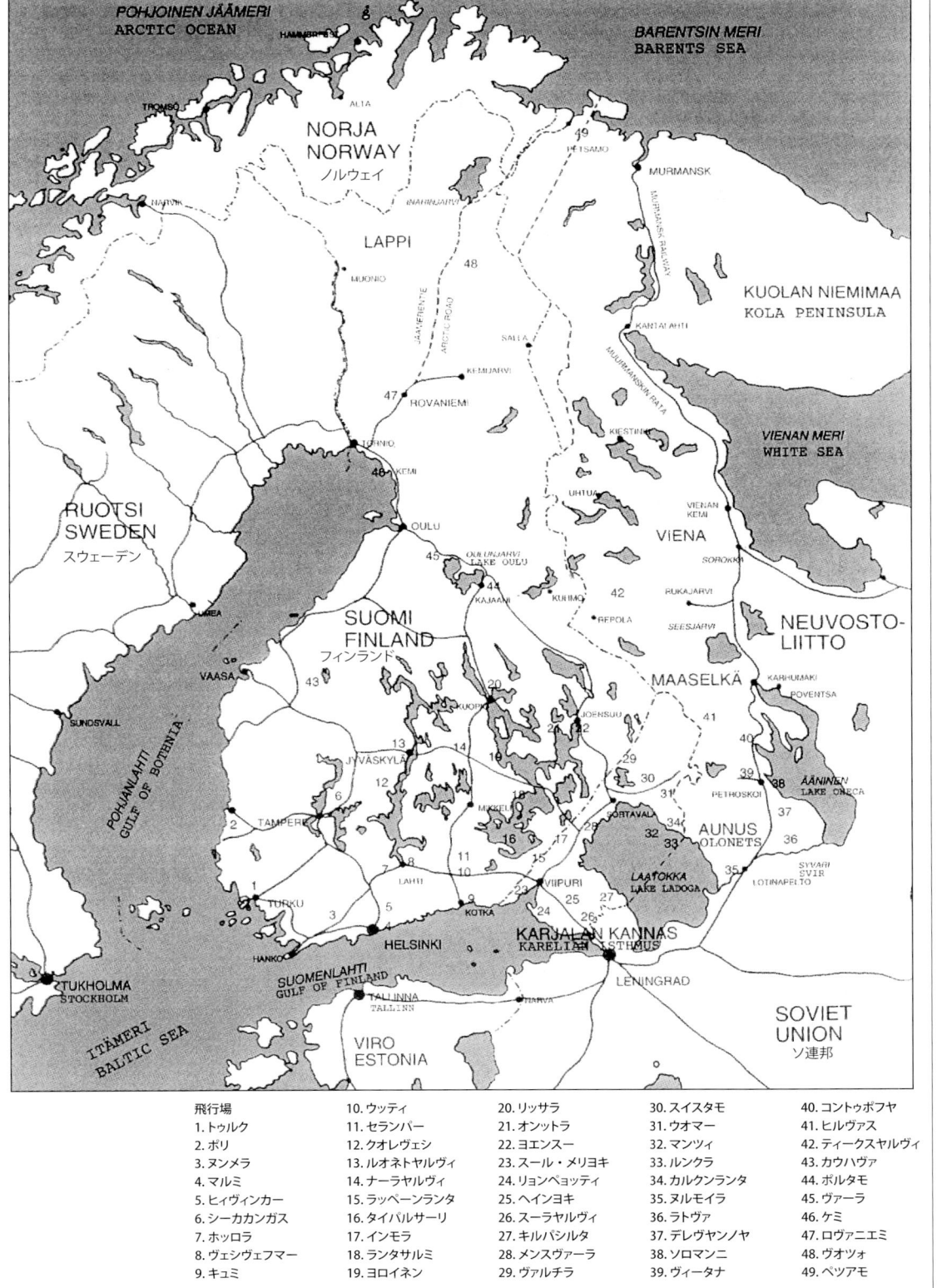

飛行場	10. ウッティ	20. リッサラ	30. スイスタモ	40. コントゥポフヤ	
1. トゥルク	11. セランパー	21. オンットラ	31. ウオマー	41. ヒルヴァス	
2. ポリ	12. クオレヴェシ	22. ヨエンスー	32. マンツィ	42. ティークスヤルヴィ	
3. ヌンメラ	13. ルオネトヤルヴィ	23. スール・メリヨキ	33. ルンクラ	43. カウハヴァ	
4. マルミ	14. ナーラヤルヴィ	24. リョンペョッティ	34. カルクンランタ	44. ポルタモ	
5. ヒィヴィンカー	15. ラッペーンランタ	25. ヘインヨキ	35. ヌルモイラ	45. ヴァーラ	
6. シーカカンガス	16. タイパルサーリ	26. スーラヤルヴィ	36. ラトヴァ	46. ケミ	
7. ホッロラ	17. インモラ	27. キルパシルタ	37. デレヴャンノヤ	47. ロヴァニエミ	
8. ヴェシヴェフマー	18. ランタサルミ	28. メンスヴァーラ	38. ソロマンニ	48. ヴオツォ	
9. キュミ	19. ヨロイネン	29. ヴァルチラ	39. ヴィータナ	49. ペツアモ	

1918年に初飛行、第一次世界大戦末期に開発されイギリス空軍に採用（ただし休戦には間に合わなかった）された複葉単座戦闘機で、当時世界最速の戦闘機といわれた。全長7.76m、全幅9.99m、総重量1088kg、最高速度213km/h。エンジン：イスパノ＝スイザ（300馬力）、武装：7.7mm機関銃2挺］に交替された。

戦闘機戦術
Fighter Tactics

　ゲームコックは非常に役に立った。1934年に第24戦隊指揮官のリカルド・ロレンツォ少佐はゲームコックを使用して、新しい戦闘機戦術を実験した。これは伝統的な、先導機に2機の僚機が従う3機編隊を「戦闘機ペア」2機編隊にするものであった。その結果、2機編隊はより柔軟に行動でき、さらにほとんどの戦術条件に適していることが証明された。そして必要とあらば、編隊2つを組み合わせ、容易に4機の「群」（4つ指と称される）に増強する

フォッカー D.XXI

　フィンランド空軍がフォッカー社の設計した航空機に関係を持ったのは、1930年代初めで、少数のC.V地上直協航空機［訳註：1926年初飛行。オランダ・フォッカー社が開発した、木金混合の複葉複座の偵察機。翼やエンジンは、各種の組み合わせが可能で、多数国への輸出に成功した。さらにフィンランドは冬戦争中にスウェーデンから、1940年にノルウェーからも取得している。全長9.30m、全幅15.30m、総重量2480kg、最高速度265km/h。エンジン：ブリストル・マーキュリーVIA（545馬力）、武装：7.7mm機関銃3挺、爆弾260kg］を購入したのが最初であった。これらは続いて1936年春にC.X［訳註：1926年初飛行。木金混合の複葉（1.5葉）複座の偵察機で、C.Vに代わる機体であったが、デビューしたときにはすでに旧式化していた。全長9.01m、全幅12.00m、総重量2700kg、最高速度356km/h。エンジン：ブリストル・ペガサスXXI（830馬力）、武装：7.7mm機関銃3挺、爆弾600kg］に代替された。C.Xは新しい5カ年計画の一部として購入されたもので、同じく3個中隊に配備する27機の「迎撃機」も含まれていた。

　フォッカー社はフィンランド空軍に新型低翼単葉D.XXI輸出用戦闘機を提示し、1936年11月18日、フィンランド空軍は順当にこの航空機の最初の使用者となった。7機の機体が発注され、その合計数の2倍をヴァルティオ・レントコネテヒダス（国営航空機製作所）で生産するライセンスが獲得された。FR-76からFR-82（第1シリーズ）のフィンランド空軍のシリアルナンバーが加えられた、オランダ製航空機は1937年10月12日にアムステルダムに到着し、木枠に入れられてフィンランドに船積みされた。各D.XXIの価格は、エンジンなしで1機110万フィンマルッカであった。

　1937年6月7日、国営航空機製作所にたいして、第2シリーズの14機（FR-83からFR-96まで）が発注された。これらのD.XXIは1938年11月11日から1939年3月18日までに完成し、その価格はオランダで生産された機体の半額であった。

　1937年6月には無制限のライセンスが獲得され、第3シリーズの機体21機は、ちょうど冬戦争に間に合って、1939年3月16日から7月27日までに完成した。これらの機体のシリアルはFR-97からFR-117であった。［訳註：1936年初飛行。もともとはオランダ領インドネシア向けに開発された機体で、固定脚ではあるが低翼単葉モノコック構造の近代的な戦闘機であった。全長8.20m、全幅11.00m、総重量1835kg、最高速度446km/h。エンジン：ブリストル・マーキュリーVIII（830馬力）、武装：7.9mm機関銃4挺］。

第24戦隊に配備された最初のD.XXIは、FR-76であった。1937年12月16日、LA1ハンガー No2の前で撮影されたもの。戦闘機の翼の下面に、ユニークな20mmエリコン機関砲がはっきり見える。1940年1月29日、オッリ・プハッカ中尉は、第43DBAP（長距離爆撃飛行連隊）のDB-3Mを、500m以上の距離からちょうど18発の弾丸で撃墜した（本書2章を参照）。貧弱な機関銃を機関砲と換装して、本機は部隊の他の機材に釣り合うものとなった。（Finnish Air Force）

ことができる。

　1938年11月21日、グスタフ・マグヌッソン大尉が司令官として着任した後、24戦隊内ではさらに戦術の改善が図られた。彼の任命に先だって、マグヌッソンはヨーロッパ各国の空軍を訪問した。その中にはドイツ空軍のJG132（第132戦闘航空団）「リヒトホーフェン」で過ごした3カ月も含まれていた。JG132のパイロットの一部はスペイン内戦で実戦勤務を体験したばかりであり、マグヌッソンはソ連のツポレフSB爆撃機［訳註：SB-2爆撃機。1934年初飛行。全金属製引き込み脚の近代的な双発高速爆撃機。全長12.27m、全幅20.33m、総重量7880kg、最高速度450km/h。エンジン：M-103（960馬力）×2、武装：7.62mm機関銃4挺、爆弾600kg、乗員3名］やポリカルポフI-15bis［訳註：1937年初飛行。複葉単座戦闘機I-15の改良型で直線形の上翼をもち、より強力なエンジンを備えていた。全長6.27m、全幅10.20m、総重量1700kg、最高速度379km/h。エンジン：M-25A（730馬力）、武装：7.62mm機関銃4挺］およびI-16［訳註：1933年初飛行。世界最初の低翼単葉引き込み脚の戦闘機として知られる近代的な戦闘機で、これまでの格闘戦を重視した軽戦闘機から、高速重武装の重戦闘機のさきがけとなった機体。全長6.13m、全幅9.00m、総重量2095kg、最高速度489km/h。エンジン：M-63（1100馬力）、武装：7.62mm機関銃4挺］戦闘機を撃墜するための、最良の方法についての有用な情報を受け取ることができた。ドイツ軍もまた3機編隊を捨てて「4つ指」を採用し、これはフィンランド空軍の高官に、第24戦隊の戦闘機の編成隊形と基本戦術の正しさを確信させた。

　しかし乏しい予算のために、第二次世界大戦前の戦闘機パイロットはあいかわらず、前線勤務になるまで基本的な飛行訓練以上のものは何も受けられないままだった。そしてひとたび第24戦隊に来ると、パイロットは高等訓練では3つのタイプ以外の攻撃が研究されることはほとんどないことに気がつくのである。というのも爆撃機——フィンランド空軍戦闘機パイロットの主要目標——を撃墜するのはこれだけで十分であることがわかったからである。第24戦隊で採用された3種類の攻撃（およびそれにともなう射撃法）は、徹底的に繰り返され、この訓練法は空軍とフィンランド財政に適したものであった。

　航空攻撃を遂行するにあたって、弾丸は150mで収束するように銃が調整される。しかしパイロットは目標からわずか50m離れたところまで、射撃を控えるよう訓練された。こうした方法を採ることはある程度のリスクをもたらしたが、主として2つの大きなメリットの方が重みがあると考えられた。それは、1) 非常に接近することで防御砲火は正確に狙うことができなくなる、2) 撃ち損じがない、というものであった。

　戦争が勃発したとき、マグヌッソンは戦闘機同士の格闘は避けるように命令した。というのも第24戦隊のフォッカーD.XXIは、ロシア軍のI-15およびI-16に追従して旋回することはできなかったからである。しかしオランダの設計による本機は優れた迎撃機であり、良好な上昇率と敵から逃れる急降下能力を有していた。

　1938年1月1日、航空基地は飛行団に変更され、新しく引き渡されたD.XXIが第2飛行団の両部隊、第24および第26戦隊に配備された。激しい訓練が続き、FR-79およびFR-88（そしてそれらのパイロット）が事故で失われた。

chapter 2

冬戦争
WINTER WAR

　1939年9月1日払暁、ドイツは長く待ち続けたポーランドにたいする攻撃を開始し、3週間で国土の西部地域は占領された。侵攻の1週間前にナチ体制とソ連政府の間で調印されたモロトフ・リッベントロップ協定［訳註：独ソ不可侵条約。1939年8月23日締結。ドイツとソ連の相互不可侵および、第三国を攻撃した場合の第三国の不支持、他方を攻撃対象とする条約に加わらないこと等を定めた。付属秘密議定書で、ポーランドおよびフィンランド、バルト諸国その他東欧における独ソの勢力圏を定めた］によれば、ポーランドは2カ国の間で切り刻まれる。協定に付属していた秘密議定書では、フィンランドとバルト諸国は、いまやポーランドの東部地域を占領していたソ連に引き渡された。同時に、ソ連は当時独立国であったエストニア、ラトビアおよびリトアニアに空軍、海軍基地を要求した。これらの国は軍事力が弱体な国家であったがために、従うしかなかった。ソ連はその後、関心をフィンランドに向けた。

　強大な外交圧力を使用してバルト諸国で成功を収めたことで、ソ連は当初は同様な方法でフィンランド領内に軍事基地を獲得しようとした。そしてドイツが近い将来のいつか最終的に侵攻を試みることがわかっていたので、ソ連はその国境をレニングラードからさらに西に移動させることを望んだ。この領土と引き換えに、フィンランドには2倍の広さのソヴィエトカレリア北部の荒野を提供すると申し入れた。フィンランド政府は、この主権にたいする侮辱をきっぱりと拒否した。

　この答えを受け取った後、ソ連は1932年にフィンランドと調印した不可侵

第5航空基地（以前はスール・メリヨキとして知られた）で、1935年8月3日に開催された航空ショーでのきれいな列線、これらの第24戦隊のグロスター・ゲームコックは、1930年代におけるフィンランド空軍前線防空戦力のほとんどを占めていた。当時部隊はウッティ——第1航空基地の所在地——を基地としていた。1938年1月1日、飛行団が航空基地に代わって編成され、ウッティは第2飛行団の所在地となった。およそ17機のゲームコックは、正味1929年から1939年初めまで10年間フィンランドで運用され、フォッカー D.XXIと交替した。（Finnish Air Force）

尾部を格子で持ち上げられた、第24戦隊のオランダ製D.XXI FR-80。1938年8月30日にウッティで撮影されたもの。この状態で戦闘機は、空軍写真家の撮る一連の識別写真の被写体となった。直接オランダから輸入された全7機は、上部表面はダークブラウン、下部はアルミニウムドープで塗られていた。一方フィンランド製のD.XXIは、標準の空軍用オリーヴグリーンとライトグレーで塗装されていた。FR-80はその後、1940年2月19日に第25戦闘機飛行連隊（25.IAP）のI-16によって撃墜され、そのパイロットのエルハルド・フリユス中尉は戦死した。（Finnish Air Force）

条約を破棄し、1939年11月30日に侵攻を開始した。こうして「ダビデとゴリアテ」の戦い、すなわち冬戦争が開始された。

再装備
Re-equipment

1937年、フィンランド空軍は5カ年発展計画を策定した。これは主として「迎撃機」の調達を求めていた。これはフィンランドを攻撃しようとする敵が、戦闘機の護衛なしで大規模な爆撃機の使用に頼るであろうと正しく推論したからである。限られた予算しか使用できなかった上、フィンランドはこれら迎撃機をヨーロッパの主要な大国以外から調達しなければならなかった。政治的緊張が高まる雲行きの下で、大国には余分な軍用機などなかったのである。そして近代的航空機の獲得において直面したこれらの困難のため、空軍はソ連軍が攻撃したとき予定数の三分の二しか受領できていなかった。

ソ連軍はフィンランド国境に沿って、20個に近い師団に45万名を集結させた。これらの部隊は2000門の火砲、2000輌の戦車、そして3253機の航空機——後者は戦争を通じて、平均して一日あたり1000回出撃した。これにたいしてフィンランド軍は、カレリア地峡の主戦線に5個師団、300門の砲、20輌の戦車、そして114機の作戦可能な航空機を展開させた［訳註：冬戦争全体の経過に関しては、大日本絵画刊『雪中の奇跡』を参照されることをお薦めする］。

すべてのフィンランド空軍の戦闘機による防衛は、第2飛行団によって統制された。飛行団は第24戦隊の前司令官リカルド・ロレンツォ中佐によって指揮された。政治状況が戦争に向かって悪化していることがはっきりしたとき、彼の旧部隊はロレンツォが、通常の基地から離れ新しい飛行場に分散するよう命令した、2つの戦闘機隊のうちのひとつとなった。

D.XXIを装備した第24戦隊は、1939年11月26日に第26戦隊（移動した他の戦闘機隊）からさらに10機のフォッケル戦闘機［訳註：「フォッカー」はフィンランド訛りでフォッケルと呼ばれた］——およびパイロット——を受け取った。第26戦隊には10機の旧式なブリストル・ブルドッグ戦闘機［訳註：1925年初飛行。複葉単座戦闘機としてそれほど性能は高くはなかったが、手頃な価格で1930年代のイギリス空軍の主力機となった。全長7.68m、全

幅10.26m、総重量1861kg、最高速度362km/h。エンジン：ブリストル・マーキュリーVIS.2（640馬力）、武装：7.7mm機関銃2挺］が残されただけだった。この移行の後、フィンランド空軍の前線戦闘機部隊は、第24戦隊だけからなることとなったのだ！　その司令官の「エカ」・マグヌッソン大尉は、35機のフォッケルを導いて何度も何度も戦闘に赴き、後にその見事な戦術的、個人的リーダーシップを示したのである。

　第24戦隊は南東フィンランドの国境に沿って分散する準備ができており、その良く訓練され高い士気を持つパイロットは以下の5つの中隊に分けられた。

1939年11月30日の第24戦隊
司令官　グスタフ・マグヌッソン大尉　および司令部　インモラ
第1中隊　エイノ・カールソン大尉　インモラ　D.XXI　6機
第2中隊　ヤーッコ・ヴオレラ中尉　スール・メリヨキ　D.XXI　6機
第3中隊　エイノ・ルーッカネン大尉　インモラ　D.XXI　6機
第4中隊　グスタフ・マグヌッソン大尉　インモラ　D.XXI　7機
第5中隊　レオ・アホラ中尉　インモラ　D.XXI　10機

　第24戦隊の任務は南東フィンランドの交通要衝を守り、カレリア地峡上あるいはカレリア地峡を通っての攻撃を防ぐことであった。D.XXIは速度と重武装を欠いていたが、理想的な迎撃機であり良好な上昇率と素晴らしい降下性能を有していた。そして固定スキー降着装置を装備すれば、非常に簡素な基地からも飛行することができた。

第24戦隊の霊験あらたかな司令官グスタフ・エリック・マグヌッソンは、1939年12月6日に少佐に昇進した。写真はインモラで部下に訓示しているところである。彼の後方にはD.XXI FR-105とFR-106が見える。（I Juutilainen）

最初の交戦
First Encounters

　1939年11月30日、ソ連は南部フィンランドの都市と基地の双方にたいして、200機の爆撃機による攻撃を加えた。天候不良のため迎撃機は、ソ連機と交戦できなかった。ヘルシンキも爆撃された都市のひとつで、赤旗勲章受章バルト海艦隊第1機雷敷設雷撃飛行連隊（1.MTAP KBF）の8機のイリューシンDB-3［訳註：1935年初飛行。全金属製引き込み脚の近代的な双発長距離高速爆撃機。全長14.22m、全幅21.44m、総重量7445kg、最高速度439km/h。エンジン：M-87（950馬力）2基、武装：7.62mm機関銃3挺、爆弾2500kg。乗員3名］の爆撃によって、300名近くの市民が犠牲となりそのうち約100名は死亡した。この恐ろしい人命の損失によって、

1940年1月、第24戦隊のパイロットが、FR-110の前でポーズをとる。左から右に、マルッティ・アルホ軍曹、タパニ・ハルマヤ少尉、ユッシ・ラティおよびヴェイッコ・カル中尉、グスタフ・マグヌッソン少佐、サカリ・イコネン曹長、ヴィクトル・ピヨツィア准尉（イコネンの背後に立っている）、リッカ・トッリョネン少尉、ペル＝エリク・ソヴェリウス中尉（トッリョネンの背後に立っている）、そして名前不祥の戦場特派員である。タパニ・ハルマヤは、1940年2月1日に戦闘中死亡し、サカリ・イコネンは9日後に負傷した。（J Sarvanto）

熱いエンジンはまだ雪の中で湯気を上げている。このツポレフSB-2M-100は、1939年12月1日にイマトラで第24戦隊第4中隊のユッシ・ラティ中尉に撃墜されたものである。「黄の9」（製造番号20/101）は第41高速爆撃機飛行連隊所属の機体である。乗員は3名で、パイロットのジョールカ・タンクラエフ少尉と航法士のヴィクトール・デムチンスキー中尉は捕虜となったが、射手のセルゲイ・コロトコフ曹長は戦死した。（SA-kuva）

フィンランドは世界中の国々から同情を集めることになった。

皮肉にも最近のロシアの公文書の研究によれば、ヘルシンキ市中心部の爆撃は誤認によって引き起こされた。実際の目標は数km東のヘルットニエミの港と石油貯蔵施設であった。

12月1日朝、ソ連空軍は250機の護衛のつかない爆撃機で、24時間前であれば成功したはずの同じ目標を攻撃した。フィンランド空軍戦闘機パイロットは、前日の失敗を受けて迎撃を遂行しようと決意しており、第24戦隊は所属のフォッケルをペアでスクランブル発進させた。司令官のマグヌッソン大尉は、自身に割り当てられたD.XXIのFR-99に乗って部隊を率いた。部隊は延べ59回出撃し、パイロットはヴィープリ＝ラッペーンランタ地域で11機のツポレフSB爆撃機——うち8機は第41高速爆撃機飛行連隊（41.SBAP）、3機が第24高速爆撃機飛行連隊（24.SBAP）——の撃墜を記録している。

最初に撃墜したのは、1205（12時5分）の第2中隊長のヤーッコ・ヴオレラ中尉（FR-86）によるもので、最後は1440（14時40分）の第5中隊長のレオ・アホラ中尉（FR-113）によるものであった。ヴオレラはまた2機目のSBの撃墜も記録し、初めて1機を超える撃墜をはたした最初のフィンランド空軍パイロットとなった。残りの戦果は、グスタフ・マグヌッソン大尉、エイノ・ルーッカネンおよびユッシ・ラティ中尉、ペッカ・ケッコ少尉、そしてラッセ・ヘイキナロ、ラウリ・ニッシネン、ラウリ・ラウタコルピおよびケルポ・ヴィルタ軍曹である。

残念なことに、最初の交戦に関しては戦闘報告が残されていない。形式の整った報告書が作成されるのはこの3週間後からであった！　「エカ」・マグヌッソン大尉は、この日の戦闘に加わったすべてのパイロットが、彼の経験したことを記録に残していると述べている。彼自身の記録を読む。

「1/12/39（1939年12月1日）1410～1445（14時10分～14時45分）。私はソ連軍爆撃機編隊がインモラに接近しているという情報に基づいて離陸した。我々はイマトラ上空で編隊に遭遇した。私は編隊の一番右を飛んでいる爆撃機を攻撃し、最初その胴体に沿って射撃した。私の射撃は何の効果もあげていないようだったので、私は代わりに右側のエンジンを狙った。数連射後エンジンは煙を上げ始めた。

1940年初め、ラウリ・ニッシネン上級軍曹が、カメラのため乗機のD.XXIに寄りかかってポーズをとっている。彼は第5中隊の隊員で、1939年12月23日、FR-98を駆ってカレリア地峡上空で1機のI-16に損傷を与えたと報告している。彼の戦闘報告によれば、ポリカルポフ戦闘機には「228」——ソ連空軍では通常2桁の番号が使用されており、これは異例に多い数だ——の機体番号が描かれていた。（E Luukkanen）

この写真はニッシネンの撃破の主張が、撃墜確実に格上げされる必要があることを証明している。この「赤の228」の残骸は、1939年12月28日に、ムオラーでフィンランド側に発見された直後に撮影されたもの。墜落したI-16は第25戦闘機飛行連隊（25.IAP）の機体で、そのパイロットのロシフ・コヴァルコフ中尉は捕虜となった。
(Finnish Air Force)

「それから私は攻撃を阻害された。というのは私の目標の左の爆撃機がその速度を落としたので、その機体は私の左側後方70mほどに下がってしまったからだ。そして背中の銃手は私に向かって撃ちかけて来た。私は大きく速度を落としこの機体を攻撃した。敵機は火を吹いて撃ち落とされた──爆撃機は地上に激突した後も燃えていた。中隊は通常弾と曳光弾しか持っていなかったので、少ない弾薬で戦果をあげることは不可能だった──それで私は1200発も射撃した。私はFR-99で飛行した」

マグヌッソン大尉が攻撃を分析した結果、1930年代を通じて第24戦隊のパイロットが教えられた戦術によって、隊員達が数に勝る敵機と戦う上で自信を持って良いことがはっきりした。

部隊の交戦による最初の損失はその最初の成功からすぐ後だった。ヴィープリで「友軍」の対空砲火によって、FR-77が撃墜されマッティ・クッコネン軍曹が戦死したのだ。さらなる損害はインモラ空襲で中隊の「おいぼれ馬」デ・ハヴィランド・モスMO-111が爆弾で破壊されたことであった。

このように少数の戦闘機しか保有していなかったため、フィンランドは賢明にもD.XXIが主要空軍基地で捕捉されることを避けるため、ソ連の侵攻に先立つ数週間前に彼らの軍隊を動員した。冬戦争の開戦48時間後に（12月6日から）マグヌッソンはまた、第24戦隊の指揮系統を短縮するため、作戦部署を変更した。これにより第2、第5中隊は合流してヴオレラ分遣隊となり、12月9日、ラッペーンランタに移動した。一方第1中隊はメンスヴァーラに移動した。12月18日に戦隊は西部フィンランドの防空任務を解除され、全戦力をカレリア地峡の陸軍支援に集中することが可能となった。

悪天候と降雪のため、12月19日まで作戦飛行は停止した。19日、第24戦隊はカレリア地峡で延べ55回出撃し、1050（10時50分）から1520（15時20分）の間に、22回敵と交戦した。ソ連側は7機のSB（6機は第44高速

爆撃機飛行連隊（44.SBAP）の機体）と、他の連隊の5機のイリューシンDB-3を失った。ケルポ・ヴィルタ下級軍曹（FR-84に搭乗）が、この日ソ連の航空機と交戦した最初のパイロットとなった。しかし彼は爆撃機ではなく、第25戦闘機飛行連隊（25.IAP）のI-16に遭遇した。

「私は3機小隊のウイングマンとしてヴィープリ（現・ヴィボルク）の南東を哨戒していた。1010（10時10分）我々は9機のI-16を我々の下方、500mに発見した。敵戦闘機は円を描いて高度を取り始めた。我々も同じことをした。そのときニッシネン軍曹は急降下して彼らを攻撃した。私は彼に続いて降下した。太陽は我々の背後にあった。私は他から少し離れた敵機を攻撃し、50mから何連射か撃ちかけた。曳光弾は命中したように見えたが、何も起こらなかった。それで私は攻撃を繰り返し非常に近距離からやつを撃った。2連射の後、敵機は燃え上がり、私は機体を引き起こした。私は周囲を見回したが、私の僚機は全く見えなかった。

「それから私は2機目を攻撃し、後方、50から20mで短い射撃を行った。この段階で我々はともに45度の角度で降下していた。敵機は白い煙を吐き出し始め、敵機の降下角度は増してついにはほとんど垂直となった。それから私は後方に3機の敵機を発見した。それで急旋回を切ってきりもみ降下して水平飛行に移り、こちらに向かって来たI-16を射撃した。私は敵の下方で背面になり、それから地上へ向かって降下してから帰還した。

「戦闘は1015（10時15分）にムオラー湖の北端で始まり、1025（10時25分）にスーラ湖の北端で終わった。私は650発を射撃し、そして私の右翼銃は故障した。私はFR-84で飛行した」

地上部隊は、2機のI-16が近接して墜落したのを目撃した。そしてヴィルタは両機を撃墜したと順当に認定された。第24戦隊の副官はすべてのパイロットにその日の戦闘状況について話を聞き、できごとを戦闘報告書の形にまとめた。「ペッレ・ソヴェリウス」中尉はFR-92で飛行し、次のように物語った。

「19/12/39（1939年12月19日）0915～1105（9時15分～11時5分）、私は第3ペアを率いて空中戦闘哨戒に飛び立った。イコネン軍曹が私の僚機

1940年1月、ヨウツェノにて、第24戦隊のパイロットが、マグヌッソン少佐のFR-99（黒の1）の機体の前に集まる。左から右に、マルッティ・アルホ軍曹、デンマーク義勇兵のフリッツ・ラスムッセン中尉、タパニ・ハルマヤ少尉、そして副官の「ペッレ・ソヴェリウス中尉である。フリッツ・ラスムッセンは、2月2日に第25戦闘機飛行連隊（25.IAP）のI-16によって戦死（FR-81に搭乗）した。(J Sarvanto)

1940年1月6日、FR-97に座った第24戦隊第4中隊のヨルマ・「ザンバ」・サルヴァント中尉。彼が笑っているのはもっともな理由がある。彼はまさにこの機体で、ウッティの南4分間で6機のDB-3爆撃機を撃墜したところなのだ。他のフィンランド空軍エース同様に、サルヴァントは後にブルーステルに搭乗して4機の戦果をあげ、最終戦果を出撃251回で17機とした。（J Sarvanto）

だった。緊急発進しアントレアの上空に上昇した後、我々は無線で方向を変えて南西の方に向くように指示された。カマラに近づいたとき、7機のSBの編隊を見て、追いかけ始めた。SBは当初南西の方向に飛んでいたが、そのとき南の方に旋回した。彼らの捕捉に失敗し、その後我々はだいたい同じ方向に、さらに3機のSBが飛んでいるのを発見した」

「イコネン軍曹はすぐに編隊の右翼の機体の後方につき、キピノラ上空2000mで非常に近距離で射撃すると機体は火を噴いて墜落した。私は左側の爆撃機の後方につこうとしたが、十分な速度がなかった。私はさらに3機のSBが南西に向かうのを見つけ、その後につこうとした。しかし彼らはすぐに離れ去った。これらの航空機はリーフレットを散布していた［訳註：ソ連軍はフィンランド軍および国民の戦意を挫くため、戦争中宣伝ビラをまいたがほとんど効果はなかった］。

「追跡の間、私はさらに南に向かう3機のSBを少し下方に発見した。私は右側の機体を目標に選び、最初は背部銃手を黙らせるために胴体を射撃した。それから私は右側エンジンを狙った。エンジンは煙を上げ始めついには火に包まれた。機体は右に傾き海岸から10kmのセイヴァスト≡近くの海に突っ込んだ。

「その後私は右側の機体を射撃した。その右側エンジンは煙をあげ始めたが、先頭の機体についてしっかりと編隊を組んだままだった。私は帰路につき3000から5000mの間で飛行し、5kmほどのところで地上に対空砲を発見した。ムオラー湖の南岸に沿って飛んでいるとき、2機のI-16がなんとかして私を捕らえ太陽の中から急降下して完全なる奇襲をかけた。私は弾丸が乗機をたたいたとき気が付いた。

「私は即座に彼らの方に引き起こしたが、すぐにI-16の方がフォッケルより機敏であることに気が付いた。私は小さく旋回しようとしたが、敵機をたった1回照準器に捕らえ、短い射撃を浴びせることができただけだった。ここ

で私は1挺の機関銃にしか弾丸を残していないことに気が付いた。できるだけ小さく旋回しようと試みた後、私は機体を失速させ機体はスピンに入った。私は地上に近づくまで、あらゆる手段で回避機動を続け、そこでなんとか追跡者を振り切ることができた。そのときはヘインヨキの近くであった。2機のI-16は同時に私を攻撃した。彼らは衝突を避けるために私の真後ろには来なかったので、わずかな角度をつけて射撃しなければならなかった。彼らの曳光弾から判断して、I-16は私が明らかに彼らの照準器から外れた後も撃ち続けていたようだった。

「着陸すると私の機体には2つの穴が開いていた。1発は尾翼に当たり、他は機関銃の圧縮ボトルハッチを突き抜け、胴体の下に抜けていた」

4日後、不運な第44高速爆撃機飛行連隊（44.BSAP）は、マグヌッソン指揮下のフォッケルによって再び手ひどい袋だたきにあった。カレリア地峡上空で、1100時（11時00分）から1200時（12時00分）に6機のSBを失ったのである。ヨルマ・サルヴァント中尉はFR-97で2機、一方「エカ」・マグヌッソン少佐、「ヨッペ」・カルフネン中尉、そして「パッパ」・トゥルッカ准尉はそれぞれ1機の撃墜を記録し、6機の爆撃機の撃墜が配分された。ここではマグヌッソンが、FR-99で彼の爆撃機撃墜戦果をあげたときの様子を記述している。

「編隊の左翼を飛んでいたキンヌネン軍曹が、ヴオクセンランタ上空で9機のSBを発見した。私はキンヌネン軍曹に続いて降下したが、キンヌネンはその後、私をI-16だと思って引き起こして離脱した。

「私は編隊の後に続き、そしてキヴィニエミ上空で迎撃した。私は左翼の最後尾の爆撃機を目標に選んだ。最初左側のエンジンを射撃し、エンジンは煙を吹き出した。それから右側エンジンに命中弾を与えると、これも燃え上がって炎を上げた。そのとき敵機は高度を下げ始めた。

「戦術的に、敵部隊はうまく行動した。速度の低下のために同時に降着装置を降ろした。攻撃されている機体の隣の機体も、後部射手の射界を広げるためにその速度を下げた。

「1200時（12時00分）、敵機はレンパーラ湖の地上に突っ込んだ」

この日のうちに21回の交戦が生じ、SBの撃破とともに第7、第64戦闘機飛行連隊のそれぞれ2機のI-16が撃墜された。FR-103で飛んだペンッティ・ティッリ軍曹が前2機を数え、ウルホ・ニエミネン中尉とヘイッキ・イルヴェスコルピ少尉が後者である。しかしソ連空軍の第25戦闘機飛行連隊（25.IAP）のI-16はタウノ・カールマ軍曹機の撃墜に成功し、彼は乗機のFR-111

1940年2月の終わり、ルオカラハティにて、第24戦隊第3中隊の4名のパイロットが、カメラに向かってほほ笑む。D.XXIの主輪スパッドにまたがっているのが、中隊長のエイノ・ルーッカネン大尉で、彼の隣に立っているのがイルマリ・ユーティライネン曹長。翼に座っているのが、ヤロ・ダールおよびマルッティ・アルホ軍曹。（E Luukkanen）

がリューキュラナルヴィに不時着した際に負傷した。

戦闘はクリスマスの日も続いた。この日フォッケルはカレリア地峡上空で、第6長距離爆撃機飛行連隊（6.DBAP）の2機のSBを撃墜した。

25日にはまた、第3中隊は増強されてルーッカネン分遣隊と名称変更された。そしてすぐラドガ湖北岸の部隊を支援するため、ヴァルチラに移動した。分遣隊は到着してすぐ、第18高速爆撃機飛行連隊（18.SBAP）の4機のSBを撃墜した。FR-112のヨルマ・カルフネン中尉とFR-93のトイヴォ・ヴォリマー軍曹がそれぞれ2機ずつの撃墜を主張している。27日にソ連空軍は、カレリア地峡上空でさらに3機のSB（第2高速爆撃機飛行連隊（2.SBAP）のもの）を失った。一方「イサ＝ヴィッキ」・ピヨツィア准尉はFR-110に乗り、ラドガ湖の北で2機のI-15bis戦闘機を撃墜した。

戦争のこの時期、インモラはしばしばソ連空軍の目標となった。このため司令部と、第1、第4中隊は12月28日にヨウツェノに移動し、その4日後にはウッティに移動した。戦争のこの段階で、フィンランド軍事情報部は、爆撃機搭乗員はフィンランドの目標への経路を鉄道線路をたどる航法で行っていることを発見していた。

大晦日に、FR-106で飛行したイルマリ・ユーティライネン軍曹（ルーッカネン分遣隊の隊員で将来94機撃墜を記録するフィンランド空軍エースになる）は、ラドガ湖北岸上空の戦闘中、カルフネン中尉の後ろについたI-16を撃墜した。これは部隊のあげた1939年の最後の撃墜戦果であった。

第24戦隊パイロットは、作戦の最初の1カ月中に着実な戦果を重ねた。54機の敵機の撃墜を記録した一方、1機のD.XXIを戦闘で失い、他の1機が損傷を受けただけだった。

このときまでに、同様に数的に圧倒されていたフィンランド地上軍も、1600kmの国境線でソ連軍の前進を停止させた。極めて寒い冬で、気温はしばしば摂氏マイナス30度（日によっては急にマイナス40度までにもなった）にも低下したことは、フィンランド軍防衛部隊の味方となった。

1940年1月6日
6 January 1940

1月6日の朝、第6長距離爆撃機飛行連隊（DBAP）の17機のDB-3Mが2波に分かれて、エストニアから東部フィンランドのクオピオを爆撃するため

1939年のクリスマスイブにヴァルチラで集まった、ルーッカネン分遣隊の空中および地上要員。左から右に、名前不祥の補助整備員、名前不祥の兵装員、P・ハンヌラ整備員、J・パーヤネン整備員、I・ユーティライネン軍曹、T・カルフ補助整備員、P・ティッリ上級軍曹、P・ヘイノ整備員、T・フハナンティ中尉、V・エヴェ整備員、中隊長のE・ルーッカネン大尉、U・ラウニオ整備員、J・カルフネン中尉、K・ピヨツィア補助整備員、そしてE・ホルップ整備員である。ペンティ・ティッリとタトゥ・フハナンティの両者は、冬戦争中、I-16の犠牲となった。（E Luukkanen）

に離陸した。最初の9機のイリューシンは、計画通りの彼らの目標を攻撃したが、しかし8機の第2編隊ははるか西に流されウッティの南でフィンランド湾を越えた。近くに布陣していたのは第24戦隊第4中隊で、ソベリウス中尉（FR-92に搭乗）が哨戒飛行に上がっていた。1010（10時10分）に高度3000mでDB-3Mを攻撃すると、編隊の一番左側の機体が墜落した。

　残りの7機の爆撃機はクオピオに飛行し続け、そこで爆弾を投下したが効果は乏しかった。そして鉄道線路に沿って同じ経路を通って帰還した。その間にサルヴァント中尉は、帰還中のDB-3に接触する命を受けて離陸した。彼は戦後の回想で、有名な4分間の戦闘について、以下のように記述している。

「ウッティを覆っていた雲は晴れ、太陽の薄明かりが雁行する爆撃機の腹部を輝かせていた。驚くべき眺めだ。私はやつらを数えた。7機であった。左側には3機の梯隊が飛び、右側には4機がほとんど1列になって飛んでいた。機体と機体の距離はほとんど1機分であった。

「私は右に機体を傾け南に向かい上昇を続けた。しばらく私は機首の射手を見つめていたが、太陽に向かっており、彼らは明らかに私を視認していないようだった。私が爆撃機の高度に達したとき、私はすでに彼らの500m後方であった。最大出力で私は追跡を開始し、左の3番目の機体は他機のかなり後方で、後部射手の射撃は危険に感じられたが、私は編隊の一番左の機体を選んだ。300mの距離で、不快にもこの機体は私に向かって発砲した——私は弾丸の雨の中に突っ込んだ。

「20mから砲火を開き、機体の左側胴体に短い連射を浴びせた。曳光弾は目標に命中したように見えた。そしてすぐに私は爆撃機の後部射手を黙らせた。私は再び編隊の両方の爆撃機の右エンジンを狙った。そしてやさしく引き金に触れると両者ともに火を噴いて墜落した。私は歓声を上げ、それからフォッケルの針路を反対側の編隊に合わせた。先の攻撃と同じように、私は1機の爆撃機のエンジンに照準を合わせた。非常に近距離からの射撃が命

まず、この写真が元旦に撮影された集合写真であることをおことわりしておこう。立っているのは、左から右にユルヨ・トゥルッカ准尉、ラッセ・ヘイキナロ軍曹、ヨルマ・サルヴァント中尉そしてデンマーク義勇兵のエルハルド・フリユス中尉である。坐っているのは、左から右にリスト・ヘイラモ軍曹、エーロ・キンヌネン軍曹そしてタウノ・カールマ軍曹である。遠くに見えるのはFR-112（黒の7）で、この機体は通常「ヨッペ」・カルフネン中尉が搭乗していた。（J Sarvanto）

第24戦隊第3中隊のFR-76は、1940年3月5日の戦闘で、このようなひどい損傷を受けた。この日マウノ・フランティラ軍曹は、ヴィープリ湾北岸のヴィロラハティのフィンランド／ソ連の前線の間に不時着を強いられた。負傷したパイロットは、味方の領域に脱出することに成功したが、彼の機体はフィンランド軍迫撃砲火の目標となった。さらに損傷を受けたにもかかわらず、第24戦隊最古参のD.XXI（8頁の写真を参照）は赤軍によって成功裏に回収され、休戦のすぐ後にレニングラードに展示のため引き出された。(via P Manninen)

中し、私は編隊の次の爆撃機に向きを変えた。2、3度短い連射を加えるとこの機体もすぐに火を噴き始めた。それから右側の編隊の私が最初に攻撃した機体を見ると、火の玉となって地上に落ちていった。

「私はそのとき編隊の残されたすべての爆撃機を撃破することを目標に定めた。それらを射撃すると、あるものは火のついた本の頁のようにヒラヒラ落ちていった。またあるものは急上昇しその後操縦不能となった。1月の赤い太陽は、戦闘中、靄を通して私を照らした。燃える飛行機の黒煙が陰をさすときを除いて。

「最後から2番目の爆撃機は、他の機体より撃墜するのはもっと大変だった。というのも私の翼内銃はそのときおそらく弾丸切れとなってしまったからだ。しかし、この機体も最後は火に包まれた。そして最後の番となった。後部銃手はしばらくの間沈黙しており、私は非常に近くまで近づいた。私はエンジンに狙いをつけると引き金を引いた。なんと銃は沈黙したままだった。私は何度か再装填しようと試みたが何も起こらなかった。弾丸を撃ち尽くしたのだ。できることはただ帰還することだけだった。

「最後の生き残りのDB-3は、ソヴェリウス中尉に追撃されて撃墜された。彼は爆撃機を目標に向かう途中に迎撃しており、着陸し機体に燃料と弾薬を補給したのである。彼は逃走するイリューシンをフィンランド湾上を飛び去るところを捕まえ、火の玉にした」

サルヴァントは基地に戻り、DB-3編隊の6機撃墜を報告した。すべての機体はウッティからタヴァスティラ——30kmの範囲——の間に墜落した。こうして彼はわずか4分間の空戦で、フィンランドの最上位エースとなった。彼のD.XXI（FR-97）は空戦中23発の命中弾を受けた。しかし致命的な命中弾はなく、機体は修理場まで飛んで移動した。ひとたび空戦のニュースが公表されると、外国の報道陣はヨルマ・サルヴァントに強い興味を示した。というのもこのときまでヨーロッパにそんなことは何も起こっていなかったからである。

1月7日、地域中に激しい雪が降り始め、1週間にわたって戦線の両側で実質的にすべての飛行活動を阻害した。この状況を生かして、第1、第4中隊はヨウツェノに戻った。10日後の17日、1355時（13時55分）10機のD.XXIが、カレリア地峡を通って空襲から帰還する第54高速爆撃機飛行連隊（54.SBAP）の3個のSB編隊（合計25機）を迎撃するため緊急発進した。40分後、9機の爆撃機が最期を迎えさらに7機が損傷を受けた。その中で勝利をあげたパイロットはウルホ・ニエミネン中尉であった。彼はFR-98で2機の撃墜を記録した。19日にニエミネン——このときはFR-78に搭乗していた——と、ヴィルタ上級軍曹——FR-84を飛ばしていた——はカレリア地峡上空で各個に1機のSB爆撃機を撃墜し、それぞれエースとなった。この敗北の後、ソ連爆撃機はほとんど2週間にわたって、南東フィンランド上空を避けた。しかし強大な前線に沿った他の地域では、ソ連爆撃機は以後も挑戦を続けた。実際ニエミネンとヴィルタが「エースになった」24時間後には、ルーッカネ

1940年4月8日、ヨロイネンで撮影された、冬戦争を生き残った第24戦隊第5中隊のFR-116。この写真のオリジナルプリントではかすかに見えたのだが、戦闘機の尾翼には青の「4」が描かれており、これは第5中隊に配備されていることを示す。第1中隊とともに、第24戦隊第5中隊には第26戦隊のパイロットが配置されており、彼らは1940年2月1日に原隊に戻された。1939年12月21日に、FR-116を飛ばしてDB-3Mの撃墜を分担したのが、「借りた」パイロットのカウコ・リンナマー中尉であった。

ン分遣隊がラドガ湖の北で第21長距離爆撃機飛行連隊（21.DBAP）のSBと交戦、フィンランド軍の前線を越えて爆撃機を攻撃しそれから離脱した。5機を撃墜し、ヴィクトル・ピヨツィア准尉（FR-110に搭乗）は2機、ペンッティ・ティッリ上級軍曹（FR-107に搭乗）は1機を主張し、そして両者とも順当にエースとなった。しかしそのとき彼らの運は傾き、2機のI-16（第49戦闘機飛行連隊の機体であることはほぼ確実）が遅れてその場に現れ、D.XXIを追及、ティッリは撃墜され戦死した。

　同じ日、タトゥ・フハナンティ中尉はタンペレをFR-91で離陸した。同機はちょうど国営飛行機製作所で修理されていたものだった。基地に戻る途中、彼は第36高速爆撃機飛行連隊（36.SBAP）のSB爆撃機に遭遇し、5機の護衛のI-153［訳註：1939年初飛行。複葉単座戦闘機I-15の最終発展型で世界最高の複葉戦闘機といわれる。上翼がガル翼となり引き込み脚を備えていた。全長6.17m、全幅10.00m、総重量1902kg、最高速度424km/h。エンジン：M-63（1100馬力）、武装：7.62mm機関銃4挺］が邪魔をしに現れる前に、すぐそのうちの2機を撃墜した。機体はヘルシンキの北60kmの幹線鉄道線路のそばに墜落したので、残骸はすぐに発見された。この時点までにソ連軍戦闘機はわずか2機のD.XXIを撃墜しただけだが、危機一髪の状況は何度もあった。マグヌッソン少佐はポリカルポフとの交戦を禁じていたが、パイロットがポリカルポフと交戦しようと試みるとき、そうした事態が引き起こされた。こうした格闘戦の発生をさらに思いとどまらせるために、第2飛行団司令官のロレンツォ中佐は戦闘を求めて敵「戦闘機」を捜し出し交戦することを禁じた。爆撃機だけが攻撃されるべきであった。D.XXIはより機動性の高いI-153やI-16には対抗できないからである。

　1月29日、赤軍砲兵はカレリア地峡のフィンランド軍陣地を、ポリカルポフR-5観測機［訳註：1928年初飛行。偵察だけでなく、戦闘、爆撃と多用途に使用することを考慮して開発された複葉単座機で、ロシアが独自に設計した飛行機として初めて大量生産された機体である。全長10.56m、全幅15.5m、総重量2997kg、最高速度244km/h。エンジン：M-17F（730馬力）、

13頁で第24戦隊第4中隊のパイロットの集合写真の背景に見られたFR-110。1940年4月8日のこの写真では、消耗して少し状態が悪く見える。戦闘機が飛行中に左側のスキーが脱落したため、パイロットの第24戦隊第3中隊のオッリ・ムストネン中尉は、ヨロイネンに緊急着陸するしかなかった。FR-110は、冬戦争の第二位の戦果をあげた戦闘機で、ヴィトル・ピヨツィア准尉が使用して、7.5機の戦果を上げた――このときは戦闘機は「青の7」の記号であった。これは撃墜マークが描かれている、唯一のD.XXIの写真である。マークは戦闘機の尾翼の右側に、4本半の垂直の棒の形をとっている（フォッケルの尾翼の「7」のすぐ前に見える）。

1940年4月8日は、第24戦隊にとって何かしらいろいろある日だったようだ。FR-117も、ヨロイネンで第1中隊のラウリ・ラウタコルピ曹長がスリップして偽装した納屋に突っ込む着陸事故に会った！「白の8」は通常第26戦隊から第24戦隊に「貸し出されて」オッリ・プハッカ中尉に割り当てられていた。プハッカは第二次世界大戦におけるフィンランドで第6位の戦果を誇るエースで、42機の撃墜果をあげ、マンネルヘイム十字章を受章（1944年12月21日）した。

武装：7.62mm機関銃2～3挺]の支援を受けて砲撃し始めた。地区の陸軍司令官が第2飛行団の幹部に接触したのは当然のことで、この正確で致命的な弾幕を止めるために戦闘機の緊急発進を要求した。ヨルマ・カルフネン中尉にこの任務が与えられた。

「1455（14時55分）私は3機の他のフォッケルとともに離陸し、スンマに針路をとった。そこで我々は2機のR-5を追い払うか撃墜しなければならなかった。5分後、編隊は速度を上げて氷上を横切って離陸した。僚機のユルヨ・トゥルッカ准尉と私がペアを組み、私達ペアが指揮を執った。オッリ・ムストネン中尉とタウノ・カールマ軍曹が我々のすぐ後ろに従った。

「私は至急に練った戦闘計画を割り振った。これは確実なものでなければならない。というのも我々はR-5が我々の緊急発進の兆候があっただけですぐ呼び戻されることを知っているからだ。我々もまた我々が前線を去れば、彼らはすぐに舞い上がることを知っていた。それゆえ私は、2000mの雲のすぐ上をヴィープリ湾の西岸に沿って飛び、地上にいる観測員を欺くことにした。

「我々は南に飛び続け、コイヴィストでスンマの方向に旋回した。それから私は編隊を雲の中に導いた。スンマに近づいて初めて乗機のFR-80を雲から飛び出させた。『獲物』をそこに確実に留まらせるために必要だったからだ。私はすぐに、砲兵への指示を伝達しながらゆっくり旋回しているR-5を発見した。しかし彼らはまだいくらか遠かった。それで我々はすぐに雲の中に舞い戻った。我々が敵に近づく間の、この後の3分間は永遠のように長かった。それから我々は雲の中から飛び出した。

「我々が雲から飛び出したとき、1機のR-5がうまい具合にちょうど指揮ペアの下にいた。『ダディ』・トゥルッカと私は同時に発砲した。数秒以内に機体の翼はもげ、胴体は火に包まれた――燃え上がる火の玉は戦線の間に墜落した。その後我々はみなで2番目のR-5を射撃した。そしてその

機体はソ連戦線の後方に墜落した。我々の任務は遂行された。
「その後我々は敵の苛烈な対空砲火をなんとか切り抜け、基地に無事に帰り着いた。それ自体が奇跡であった」

冬戦争中にあってソ連の好んだ目標のひとつが、タンペレの国営飛行機製作所であった。実際、そこはあまりにも定期的な爆撃を受けたため、製作所のテストパイロットによって地域防衛部隊が編成されたほどであった。彼らはまた、修理された機材を引き取りに来たとき空襲の真っただ中に巻き込まれた前線部隊のパイロットによって、ときおり支援されることもあった。1月29日、オッリ・プハッカ少尉はまさにこうした事態に巻き込まれた。

「ちょうど迎撃が終わったところで、ヴィサパー中尉と私がタンペレに着陸しようとしているとき、大きな双発の航空機が我々を横切るコースを飛んでいるのに気づいた。ヴァスパー中尉は私の200m先におり、私が爆撃機を認めたとき、滑走路の真上にいた。

「長機は即座に射撃した。しかし私はそれに近づく代わりに、ヴィサパー中尉を後に残して上昇旋回した。私が敵機の500〜700m後方につき、追跡を始めるとすぐに私は彼我の距離が縮むより広がってゆくことに気が付いた。落胆して、私は爆撃機に短い射撃を浴びせた。最初の射弾はその下を通り抜けた。しかし二度目の銃弾は左側エンジンの近くに当たり、三度目の連射は右翼に命中した。

「私はそのエンジンの1基に損傷を与えたと思った。というのもすぐに爆撃機に追いついたからである。しかしいまになって私の銃は動こうとしなかった！ 私のできることのすべては、敵機にたいして何度か急降下して模擬攻撃をしてみせることだけだった。そして私はレンパーとヴィーアラの間でその場を去った。私はヴィサパー中尉が攻撃していると思った。しかし彼は私が攻撃を止めたちょうどそのとき、雲の中で爆撃機を見失っていた。

「私にとって幸運なことに、爆撃機はその後不時着していた。私は全部の行動がイタヴオリおよびヴィサパー中尉によって目撃されていると思った。墜落した機体に何が起こったかは何も知らなかった。何か第2補充飛行団（T-Lento R2、これは第2飛行団の一部で高等戦技訓練の任を負っていた）

1940年4月、ヨロイネンで撮影された第24戦隊第5中隊のD.XXI FR-105「白の5」。この写真が撮影された時点では、本機はエーロ・キンヌネン軍曹に割り当てられていた。ただし彼は冬戦争中の3.5機の戦果すべてを、FR-109で記録している。しかしFR-105も成功を収めた。この間将来のエースのラッセ・アールトネンおよびオンニ・パロネン軍曹（当時両者ともに第26戦隊に所属していた）が飛ばしていた。D.XXIの固定脚に車輪の代わりに取り付けられたスキーは、戦闘機の性能にほとんど影響しなかった。1940年4月19日、第24戦隊はその生き残りのフォッケル戦闘機を第32戦隊（元第22戦隊）のブルースター・モデル239と交換した。

の情報で、墜落が機関砲弾によるものか機関銃弾によるものか——後者はヴィサパー中尉も発射することができた——確認されることを希望した。

「私の乗機はFR-76だった。この機体は両翼下に20mm機関砲を装備していたが、1門だけが作動した。私はドラムマガジンの全弾18発を使用。胴体の機関銃は同調装置［訳註：機首の武装はプロペラの旋回面を通して射撃するため、プロペラに射弾が当たらないよう、射撃タイミングを同調させる機構］が壊れるまでに、60〜70発ほど発砲した」

落ちた機体は第43長距離爆撃機飛行連隊（43.DBAP）のDB-3Mで、ウルヤラへの不時着の後、乗員は捕虜となった。残骸を調べたところ、第2補充飛行団（T-Lento R2）は実際、翼にいくつかの機関砲弾による穴を発見した。これによりプハッカの撃墜戦果が確認された。

1月30日、第24戦隊第2中隊は、ひどい損害を被った。隊長の「ヤスカ」・ヴオレラ中尉（FR-78で飛行）は、悪天候でルオカラハティに墜落して死亡した。レオ・アホラ中尉が順当に部隊の指揮をとり、アホラ分遣隊が編成された。そしてヨルマ・カルフネン中尉が残りの第2中隊の隊長となった。第24戦隊の戦力はこの時運用可能なD.XXI 28機に低下していた。それまでイギリス製のグロスター・グラジエーターII［訳註：グラジエーターはイギリスから20機が購入され10機が供与された。1936年初飛行。ゴーントレットの発展型の複葉戦闘機。エンジンが強化され密閉式コクピットとする等の改良が施されているが根本的に旧式であることは否めず、単葉で高速な近代的戦闘機にはかなわなかった。全長8.36m、全幅9.83m、総重量2206kg、最高速度414km/h。エンジン：ブリストル・マーキュリーIX（830馬力）、武装：7.7mm機関銃4挺］を飛ばしていた第26戦隊の「日雇い」パイロット30名が到着したが、その月の終わりに原隊に復帰した。1月のD.XXIの戦果は撃墜34機であった。

地上部隊支援
Troop Escort

冬戦争に加わったソ連戦闘機は、1月終わりまでには非常に積極的になり、連隊戦力（30から40機）でフィンランド領内深く飛来した。新しく導入された落下式増槽はまた、いまやほとんどの空襲で爆撃機が護衛されることを意味した。そして第24戦隊のパイロットは撃墜戦果をあげることがますます困

1940年5月終わりにシーカカンガスで暖気中に撮影されたD.XXI FR-108。このときは第32戦隊に配備されているが、まだ以前の使用者であった第24戦隊第3中隊の塗装をまとっている。この機体は冬戦争中、第3中隊長のエイノ・ルーッカネン大尉が飛ばして、1機のソ連機を単独で撃墜し、別の1機を協同撃墜した。

1940年6月、シーカカンガスでの作戦間に撮影された写真。FR-92は、第24戦隊第4中隊副長のペル＝エリク・ソヴェリウス中尉の乗機であった。彼は冬戦争中の10人のエースのうちのひとりで、彼の戦果6機のすべてをFR-92で記録した。戦闘機にはまだ、「ペレ」・ソヴェリウスが好んだ「黒の5」の機体番号が見える。

難になったことに気づいた。

　1940年の最初の数週間にわたる前線の膠着の後、1940年2月1日、ソ連軍はカレリア地峡を占領するための第二次攻勢を発動した。ソ連軍は実質的にすべての地上軍および空軍を、この戦略的に重要な地域の突破を成功させるために投入したため、他の戦線は静かだった。国内への爆撃機の攻撃もまた、即座に歩兵の支援に切り替えられ、戦闘機編隊は戦場上空の哨戒を開始した。

　生存のために戦いつつ、2週間後フィンランド陸軍はゆっくりと退却を始め、2月26日、最終的にヴィープリ前面で猛攻撃をくい止めた。攻勢の間中、D.XXIパイロットは前線部隊および戦場に投入される交替の部隊への戦闘機による上空掩護に集中した――第24戦隊は一日に88回も出動した。

　活動が増加したことはさらなる損失を招いた。2月1日には、第7戦闘機飛行連隊（7.IAP）のI-16によって、FR-115に乗ったタパニ・ハルマヤ少尉は撃墜され戦死した。翌日同じような運命が、デンマーク義勇兵のフリッツ・ラスムッセン中尉（FR-81に搭乗）を襲い、彼は第25戦闘機飛行連隊（25.IAP）のI-16に撃墜された。

　攻勢が発動されて数時間以内に、アホラ分遣隊は重要な港を防衛し、ソ連軍爆撃機がフィンランド西岸に沿って北上することを防ぐために、フィンランド南西沿岸のトゥルクに飛んだ。

　2月3日、「ザンバ」・サルヴァント中尉（FR-80に搭乗）は、南東フィンランドのヌイヤマーで第51長距離爆撃機飛行連隊（51.DBAP）のDB-3Mを撃墜して、彼の10機目の撃墜を記録した。同じ日遅く西部で、4機のD.XXIが第10飛行旅団（10.AGr）の3機のDB-3を迎え撃ち、そのすべてをトゥルク多島海に撃墜した。ペッカ・コッコ少尉はFR-81で2機撃墜を記録した。翌日、別のDB-3が同じ地域で失われた。そしてロシア人は警戒するようになった。というのは彼らはこんなに西方で戦闘機に遭遇するとは考えていなかったからである。

　2月10日、第4中隊はラッペーンランタ上空で大編隊を攻撃した。しかし第7、第25戦闘機飛行連隊（7.,25.IAP）はともに多数の戦闘機による護衛を

行ったため彼らの攻撃は撃退され、FR-102に乗ったヴァイノ・イコネン曹長は撃墜された。彼は負傷して脱出した。大戦果はフォッケルのパイロットにとって過去のものとなり、日々の戦果も爆撃機3機を越えることはまれとなっていった。

損失もまた累積し続けた。そして2月19日には、エルハルド・フリユス中尉（FR-102に搭乗）が、カキサルミの近くで第25戦闘機飛行連隊（25.IAP）のI-16によって撃墜された。デンマーク義勇兵2人目の喪失であった。一週間後、タウノ・カールマ軍曹は、イマトラで第68護衛派遣戦闘機飛行連隊（68.OIAP、Oはここでは護衛に派遣されたことを意味する）のI-16に、乗機のFR-85を撃墜され負傷して脱出した。

2月はフィンランド戦闘機部隊にとって悪い終わりを迎えた。29日、ソ連空軍戦闘機は、第24、第26戦隊が占有していた飛行場を襲撃した。第49戦闘機飛行連隊（49.IAP）は朝の襲撃で、第26戦隊のグラジエーター（第24戦隊のルーッカネン分遣隊に配備されたもの、3週間前にルオコラハティに移動していた）1機を撃破し、その後、午後には「爆撃機」編隊がルオカラハティに近づくのが発見された。

これらの機体は第68護衛派遣戦闘機飛行連隊（68.OIAP）の6機のI-153「チャイカ」と18機のI-16「ラタ」であることがわかった。これは離陸したグラジエーターのパイロットを、おおいに驚かせた。3機がすぐに撃墜され、低空での戦闘が引き起こされた。D.XXI（FR-94）のタトゥ・フハナンティ中尉とともにさらに2機が失われ、全部で6人のパイロットが失われた。これにたいしてI-16の損失は1機だけで、別の機体が梢に接触して墜落した。

障害が増したにもかかわらず、2月に第24戦隊は27機の敵機の撃墜を記録した。しかしいまや作戦可能なD.XXIは、たった22機に減少した。

戦いの終盤
Final Rounds

1940年3月1日、部隊はその司令部をレミに移動させた。そして2日のうちに全5個中隊もそれに従った。

2月の厳しい戦いの後で、フィンランド陸軍は最終的に3月1日までにカレリア地峡を撤退したが、ヴィープリ戦線では頑強に戦い続けた。退却に気づいて、翌日赤軍はヴィープリの西で凍ったフィンランド湾を渡り始めた。ソ連軍はすぐに本土へ2つの小さな橋頭堡を確保した。そして本格的な侵攻を防ぐため、全フィンランド空軍戦力は、氷上を渡る部隊、戦車そして補給段列にたいする作戦に投入された。空中勤務者は冷静な正確さをもってこの任務に転じた。軽、中爆撃機は機械化部隊の行く手を止め、戦闘機は低空飛行で歩兵に機銃掃射を浴びせた。

氷上の開かれた場所で赤軍は完全に暴露されており、一週間のうちに侵攻は停止された。この激しい戦闘中にはまたソ連戦闘機との交戦も生じた。「エイッカ」・ルーッカネンは、このとき何回かの機銃掃射作戦を率いているが、3月5日のそうし

また別の第24戦隊機。1940年6月にシーカカンガスで撮影されたFR-95。このときは第32戦隊で運用されていた。この機体は冬戦争の初期に着陸事故で損傷を受け、修理された後、1940年2月3日に第24戦隊第4中隊のラッセ・ヘイキナロ曹長に割り当てられた。彼は休戦が発効する前に、本機で3機の戦果をあげた。「黒の6」には最近の戦闘中まとっていたカラーが塗装されたままである。少なくとも1940年9月には、第32戦隊は自身のナンバリングシステムを導入した。（U Nurmi）

た作戦飛行について記述している。

「私は無線封止を破って、雲の中から出た編隊（15機のフォッケル）に命令を下した。敵を混乱させる効果を狙って、私は彼らの針路から近づいた。私は左にバンクをとり、編隊を急降下に導いた。目標には困らないようだった。トゥッパラからヴィラニエミまでの4kmの氷の上は全部、乗用車、トラックそして戦車の列で占められていた。1個中隊のI-16が、ウーラスの上で旋回しているのが認められた。そして別の戦闘機部隊が、湾の反対側のリスティニエミ上空に確認された。私は早く地上目標を攻撃した方が良いことがわかっていたため、浅い降下を続けた。我々はいまや一番近い車両から1kmの距離しかなかった。周囲の空はそこいら中が対空砲火の爆発と曳光弾に包まれていた。近くで対空砲が爆発する白と黒両方の雲は、すぐに敵戦闘機を引き寄せた。

「私の最初の連射は歩兵の隊列に命中した。そして次に私の視界には、トラックの列とそれに続く2輛の戦車が大きく迫ってきた。私のライフル口径の銃では戦車には効果はないようで、その装甲板上で跳ね返る曳光弾が見えた。私は機銃掃射に続いて、残りの編隊が私の先導に続いているか見るために振り返ってみた。

「攻撃の後すぐ、我々は低空で味方領域に向かって真っすぐ飛んで、そこから旋回し我々の基地の方向へ北に針路をとった。こうしたコースをとることで、我々は敵機が我々の後をつけて基地を発見するようなことになるのを防いだ。

氷上の7日間の戦闘の間、第24戦隊は延べ154回の襲撃飛行を行って1機のI-16を撃墜し、マウノ・フランティラ軍曹（FR-76に搭乗）を第7戦闘機飛行連隊（7.IAP）の戦闘機との戦闘で失った。フランティラは「エイッカ」・ルーッカネンが記述した機銃掃射作戦を行い、作戦中に負傷し、ヴィロラハティの戦線の間に不時着せざるをえなかった。彼はなんとかフィンランド軍前線にたどりついたが、彼のひどく損傷したD.XXIは赤軍に捕獲され、戦利品としてレニングラードに展示された。

カレリア地峡の状況はいまだ危険な状態で、3月8日にはモスクワで和平交渉が開始された。フィンランド軍の抵抗は西側諸国の資材援助――もし侵略が続けば派兵するとさえ警告していた［訳註：実際英仏連合軍は冬戦争に介入する準備を進めていた。もっともその本当の目的はフィンランドを助けることではなく、フィンランド援助を口実に、ドイツの戦争経済を支えていたスウェーデンの鉄鉱石鉱山を押さえることであった］――に支えられていたが、ソ連はさらに戦闘を続ければ戦争が多国間に於ける紛争に発展すると考えていた。これは彼らが望んだものではなかった。

その結果3月13日1100（11時00分）、休戦が成立した。これにしたがい不当なことであったが、フィンランドは1939年終わりの時点でソ連が要求していた領域を引き渡した［訳註：冬戦争の結果、フィンランドはカレリア地峡とラドガカレリア、サッラ周辺の東カレリアの領土をソ連に割譲した。ちなみに割譲された領土は、戦争前にソ連が要求したものよりはるかに広大であった］。

冬戦争が開始された当時、第24戦隊は戦力として35機の作戦可能なD.XXIを保有していた。しかしその終わりが来たとき、この数は22機に減少していた。部隊は2388回の出撃をし、120機の撃墜（このうち100機は爆

有名なフィンランドの企業ノキア社〔訳註：現在、携帯電話で世界的に有名なノキア社のことだが、当時は製紙パルプ、ゴム製品、電話線などケーブル関連の事業を行う会社だった〕は空軍がブルースター・モデル239 BW-355を購入するために十分な資金を拠出した。その代わりに機体には「NOKA」の銘が飾られている。これはフィンランドに到着したアメリカ製戦闘機の最初の機体のひとつで、1940年3月終わりにホッロラで撮影されたもの。このときは第22戦隊に配属された。4月18日、BW-355は第24戦隊に移管され、この機体は1944年10月24日に破壊されるまでこの名前を付けていた。

撃機）を記録した。あらゆる理由で11機を失い、──9機は戦闘、1機は「友軍の」対空砲、1機は飛行機事故──7名のパイロットが死亡した。この数には第26戦隊から「借りた」パイロットによる戦果と被った損害を含まれている。

フォッケル戦闘機は、非常に信頼のおける迎撃機であることが明らかとなった。第24戦隊の地上要員は機体を最も厳しい冬の天候でも飛行に耐える状態に維持し続けたが、これは主としてフォッケルの構造の単純さによるものであった。D.XXIは戦闘機戦闘の矢面に立った。というのもグラジエーターは、2月1日に作戦可能となっただけであり（37機の空中戦果を記録）、モラヌ＝ソルニエ MS.406〔訳註：フランスから50機が供与されたが届いたのは30機だけだった。1938年初飛行。MS405の改良型で、低翼単葉引き込み脚（ただし胴体は鋼管溶接構造の羽布張り）の近代的な戦闘機だが、アンダーパワーで低速（フィンランドの各種機体の中ではそうでもないが）なのが欠点であった。全長8.17m、全幅10.62m、総重量2720kg、最高速度486km/h。エンジン：ヒスパノ＝スイザ12Y31（860馬力）、武装：20mm機関砲1門、7.5mm機関銃2挺〕は2月17日（合計14機撃墜）、フィアット G.50〔訳註：イタリアから購入した機体で25機が引き渡された。1937年初飛行。イタリア初の全金属戦闘機で、低翼単葉引き込み脚の近代的な戦闘機であった。ただしコクピットは開放式（当初は密閉式だったがパイロットがそれを嫌ったという）となっており、武装が貧弱であった。全長8.29m、全幅10.98m、総重量2395kg、最高速度472km/h。エンジン：フィアット A74RC38（840馬力）、武装：12.7mm機関銃2挺〕は2月26日（撃墜11機を記録）であった。

フィンランド空軍は207機の航空機の撃墜を記録し、対空砲の中隊はさらに314機を記録、その結果全部で521機を撃墜した。当時ソ連の記録では261機の航空機を失ったと述べられていたが、ロシアの公文書による最近の数字は、579機が実際に撃墜された──なんとフィンランドの主張より58機も多い──ことを示している。

■フォッカー D.XXIのエース

階級	名前	中隊	戦果
中尉	ヨルマ・サルヴァンド	4,1	13
准尉	ヴィクトル・ピヨツィア	3	7.5
中尉	タトゥ・フハナンティ＋	3	6
上級軍曹	ケルパ・ヴィルタ	2	6
中尉	ペル＝エリク・ソヴェリウス	4	5.5
曹長	ペンッティ・ティッリ＋※	3	5
中尉	ウルホ・ニエミネン※	5	5

＋は戦死
※は第26戦隊員

chapter 3
攻撃態勢
FINNISH OFFENSIVE

　1940年4月9日、冬戦争終結のちょうど4週間後、ドイツはデンマークとノルウェーを攻撃した。攻撃開始から数日のうちに、ドイツ国防軍はスカンジナビアのほとんど、中立のスウェーデンとフィンランド以外を占領した。続く8月、ソ連はエストニア、ラトビアそしてリトアニアを占領した。

　フィンランドは地政学的にほとんど完全に孤立した。ソ連とは東で国境を接し、西はスウェーデン、南はドイツである。当時ドイツはフィンランドの同盟国ではなく、冬戦争中いかなる援助も協力もしなかった──ナチ体制は実際紛争中軍事物資の供給の妨げとさえなった［訳註：当時ドイツは外交官にフィンランドに同情的な態度をとらないよう命令したし、イタリアからフィンランドへ送られたフィアットG.50戦闘機を国境で差し止めたりもした］。

　1940年3月18日、第24戦隊はヨロイネンに移動し、そこで4個中隊に再編された。翌月の4月13日、部隊はスキーを車輪に交換することと多数のメンテナンス作業が必要となったため、16機のD.XXIを国営航空機製作所に送った。パイロットのうちの2人はヨロイネンからの出発が遅れた。彼らの中隊に追いつこうとしているとき、エーロ・サヴォネン少尉（FR-93に搭乗）とヘイッキ・イルヴェスコルピ少尉（FR-101）は空中で衝突して死亡した。

　部隊はフォッケル戦闘機の引き渡し命令を受けた後6日間ヨロイネンに留まり、4月19日にヘルシンキ・マルミ飛行場に移動した。ここで部隊は、短期間第32戦隊（元第22戦隊）で運用されていた、ブルースター・モデル239を配備された。この交換は第32戦隊の人員には不評であったが、第24戦隊の人員は冬戦争中にフィンランドの一流パイロットであることを明白に証明しており、彼らは空軍が提供する最良の機材に値したのである。

　1940年夏の初めにヘルシンキ・マルミ飛行場でブルステル［訳註：ブルースターのフィンランド語発音］への転換を終えた後、第24戦隊は8月にヴェシヴェフマーに新しく建設された飛行場に移動した。彼らの元の基地は市の中心部から10kmしかなく、現在部隊が進めつつある精力的な訓練には適していないことがはっきりしていたからである。しかしヴェシヴェフマーはフィンランドの首都から80km北にあり、いかなる都市圏からも孤立していた。

　1940年3月から1941年6月まで14カ月続いた平和の間に、第24戦隊はソ連との2回目の戦いに備えて、その正規、予備パイロットのすべてを訓練するために忙しく働いた。この期間中、2名のパイロットが事故で死亡した──リスト・ヘイラモ軍曹は10月14日に悪天候のため、BW-360に搭乗してタイヤラの操車場に墜落し、ケルポ・ヴィルタ准尉は1941年1月28日にデモンストレーション飛行の最中に、BW-391でヴェシヴェフマーの地上に激突した。

継続戦争
The Continuation War

ドイツのソ連への奇襲、秘匿名称「バルバロッサ」作戦は、1941年6月22日の開始の4週間前にフィンランドの軍事指導者に明らかにされた。この知識をもって、フィンランドは侵攻の4日前に総動員を行った。

バルバロッサ作戦開始後すぐに、ソ連情報機関は多数のドイツ軍機がフィンランドの飛行場を基地としていることに気づいた。これはソ連にこの方向からレニングラードへの大規模空襲が発動される恐怖を抱かせた。フィンランド湾から北極海に延びるフィンランド戦線では、ソ連空軍は戦闘機224機、爆撃機263機を装備していた。1941年6月25日早朝およそ150機の爆撃機は離陸して南部フィンランドのいくつかの地点を爆撃した。こうして継続戦争が開始された。

フィンランド戦闘機戦力は、19カ月前より良好であった。そして第2飛行団司令官のリカルド大佐は本土の防空に3個の完全装備の戦隊を有していた。各部隊はフィアットG.50を装備した第26戦隊、モラヌ＝ソルニエMS.406を装備した第28戦隊、そしてブルーステルを装備した第24戦隊で、第24戦隊は以下の中隊に分けられていた。

ブルースター・モデル239

冬戦争の勃発後、フィンランドは大急ぎで戦闘機を購入する必要があったが、これは1939年12月16日、アメリカ政府を動かした。ブルースター・エアロノーティカル社は、アメリカ海軍向けのモデル239をフィンランドに1機あたり270万フィンマルッカで売却することにした。そしてこれは元の使用者を喜ばせた。彼らは戦闘機をより改良されたF2A-2に代替できたからである。機体からはすべての海軍向け装備が取り外され、装備していた940馬力ライトR-1820-34サイクロンエンジンは、ライトサイクロンの民間バージョン（950馬力のR-1820-G5）に交換された。

アメリカ海軍のF2A-1ブロック（組み立て番号18から55）から38機、ベルギー向けモデル339Bブロック（組み立て番号57から62）から6機が選ばれ、これらはすべてモデル239に分類された。機体とエンジンは木枠に詰められ、1940年1月13日以降、ノルウェーのスタヴァンゲルに船積みされた。ここからそれらは鉄道でスウェーデンのトロールハッタンのSAAB社工場に鉄道で旅を続け、そこで組み立てが行われた。機体にはBW-351からBW-394までの機体番号がそれぞれ与えられたが、フィンランドへの輸送飛行中はすべてのマーキングは隠された。

最初の4機のブルーステル──フィンランドの戦闘機パイロットが操縦──は、1940年3月1日にフィンランドに飛行し、一週間後にさらに2機が続いた。冬戦争中に実際に届いた機体はここまでであった。44機のモデル239の最後の機体は、1940年5月1日に空輸された。

1940年5月29日、タンペレの空軍補給所で撮影されたブルースター・モデル239のBW-356。新しく第24戦隊に配備されたが、まだ、1940年にフィンランドに引き渡されたブルーステル戦闘機に施されていた、工場で塗装されたアルミニウム・ドープ仕上げに包まれている。これらの航空機は1941年6月19日までこの塗装のままであった。このとき部隊はすべてのモデル239を上面黒とオリーブグリーン（冬季は黒のほとんどが白に置き換えられた）、下面ライトグレイに迷彩した。
(Finnish Air Force)
［訳註：1932年初飛行。アメリカ海軍の空母艦載機として開発された機体で、アメリカ艦載機として初めての低翼単葉引き込み脚の近代的戦闘機である。ただし性能的にはアメリカ海軍の満足するところでなく、後に海兵隊に移管された。全長8.03m、全幅10.67m、総重量2288kg、最高速度517km/h。エンジン：ライト・サイクロンR-1820-G5（950馬力）、武装：7.62mm機関銃1挺、12.7mm機関銃1挺プラス12.7mm機関銃2挺（オプション）］

1942年6月28日、アハティ.アスクラ整備員が、ブルーステルBW-380に搭乗してシートベルトを装着するグスタフ・マグヌッソン中佐を手伝っている。「エカ」・マグヌッソンは、1943年5月終わりまで、第24戦隊を率い、その後第3飛行団の司令官に任命されて、3個戦闘機戦隊を率いることになった。マグヌッソンは近代的なフィンランド空軍戦闘機部隊の「父」と考えられるが、彼は前線にいる間に延べ158回出撃し、5.5機の爆撃機を撃墜した。彼は1944年6月26日に彼の傑出した指導力と画期的な戦闘機指揮統制システムを作り上げたことの両者により、順当にマンネルヘイム十字章を受章した。(SA-kuva)

1941年6月25日の第24戦隊

司令官　グスタフ・マグヌッソン少佐　司令部をヴェシヴェフマーに置く

第1中隊　エイノ・ルーッカネン大尉　ヴェシヴェフマーにあり9機のブルーステルを装備

第2中隊　レオ・アホラ大尉　セランパーにあり8機のブルーステルを装備

第3中隊　ヨルマ・カルフネン中尉　ヴェシヴェフマーにあり8機のブルーステルを装備

第4中隊　ペル＝エリク中尉　ヴェシヴェフマーにあり8機のブルーステルを装備

第1日目

　南フィンランドに向かう大規模爆撃機編隊は0700時（7時00分）に初めて確認され、ニュースはすぐにセランパーに伝達された。マグヌッソン少佐は、ちょうどこのような空襲を予期して、セランパーに第24戦隊第2中隊を前線展開させていた。0710時（7時10分）、キンヌネン上級軍曹の操縦するBW-352とランピ伍長の操縦するBW-354の2機のブルーステルが緊急発進した。以下に説明するように、キンヌネンは継続戦争最初の空戦を記述している。

「我々はインケロイネンが爆撃されたという知らせを受けた後、離陸した。私は27機の爆撃機編隊が北西に向かうのを見た。私はすぐに爆撃機に追いついたが、ランピ伍長は私を尻目に、すでに1機を発火、墜落させていた。

「私は自分の目標を選んだ。そしてこれも2、3の短い連射の後、火を噴いた。それから私は2機目の爆撃機に火を噴かせ、3機目を射撃した。これらすべてが煙を噴き出し始めたようだった。その後私の戦闘機は反撃による命中弾を受け、破片により腕を負傷した。私は攻撃を中止せざるをえず、基地に帰還した。私は攻撃した爆撃機すべてに、後方か下方後方から近づいた。

「すべての爆撃機は腹部に銃座をもっており、私の機体は3発の命中弾を

1941年7月10日、ランタサルミで射撃場での作業を準備中に、マグヌッソン少佐のBW-380を人力でドラム缶に載せている。マグヌッソンは彼の機体番号として「黒の1」を好んでいたが、ここでは第4中隊の色として使用されていた。この写真が撮られる3日前、マグヌッソンはこの機体で彼の最後の戦果――DB-3M爆撃機――をあげた。フィンランド戦闘機隊の同輩（戦隊長）で、比肩すべき成果を上げた人物はいない。(SA-kuva)

受けた――1発がコクピット、2発が尾翼である」

　フィンランド人パイロットは、ヘイノラに近づく第201高速爆撃機飛行連隊（201.SBAP）の27機のSBと高度1500mで交戦し、ソ連側は合計5機を失った。キンヌネンとランピは両者とも、2.5機の撃墜を記録した。これによりキンヌネンはエースとなったが、これは彼が以前冬戦争中に3.5機を撃墜していたからであった。

　この朝遅く行われたさらなる迎撃でブルーステルのパイロットはさらに5機のSBを撃墜した。トゥルッカ准尉（BW-351に搭乗）は2機を、冬戦争中の彼の4.5機の戦果に加えた。キンヌネン上級軍曹もこの日二度目の出撃でさらに2機を記録し、この日の戦果を全部で4.5機とした。

　最近の研究が示しているところでは、この日第24戦隊の作戦地域で10機のSB爆撃機――3機が第2高速爆撃機飛行連隊（2.SBAP）、6機が第201高速爆撃機飛行連隊（201.SBAP）そして1機が第201高速爆撃機飛行連隊

ランタサルミにて、銃の試験が終わり、BW-380はそのコクピット、エンジンおよび尾翼は、夜露を防ぐため防水布で覆われている――第24戦隊の機体はほとんど、ぜいたくな屋根付きの収容施設は享受できなかった。部隊の「山猫」のマークが胴体にはっきりと見える。このマークはもともとはブルーステルの第3中隊だけに使用されていたものである。手前に3本の燃料用ドラム缶が見えるが、これはモデル239の翼内に配置された、2基の300リッター・インテグラルタンクを満たすためのものである。(Bundesarchiv)

（201.SBAP）──が失われており、この数字はブルーステルのパイロットの主張と合致している。

　26機もの爆撃機を撃破した（現在の知見では23機）大戦果は、継続戦争に欠かせないフィンランド戦闘機隊による活躍のまさに始まりであった。しかしその地上配置早期警戒、戦闘機統制システムは効率的とはいえないことがはっきりした。実際、125機の戦闘機が任務についていたにもかかわらず、5機にも満たない数が会敵しただけだった。しかしこの問題は時間をかけて解決されていった。

　この月の残りの間、第24戦隊はソ連爆撃機がフィンランド空域に入ることを防ぐために、南部沿岸を戦闘哨戒飛行したが、これは難しい任務であった。というのも戦線はレニングラードから東部エストニアのハープサルまで広がっていたのだ。こうした哨戒の間、6月29日、ペッカ・コッコ中尉（BW-379に搭乗）は2機のベリエフMBR-2飛行艇［訳註：1937年初飛行。旧式機しか持たないソ連海軍向けに開発された近代的飛行艇で、洋上偵察や対潜任務等に使用された。木金複合構造、肩翼式で高い位置に推進式にプロペラを配置しているのが特徴である。全長13.5m、全幅19.0m、総重量4100kg、最高速度203km/h。エンジン：M-17B（680馬力）、武装：7.62mm機関銃2挺、爆弾400kg］に遭遇した。これらを撃墜したことで、彼は冬戦争中にあげた3.5機の戦果に加え、エースの地位を得た。コッコの戦闘報告書はこのように詳述している。

「私は1040（10時40分）に、メッリン伍長を僚機としてコトカからポルボーへの戦闘空中哨戒のために離陸した。1135（11時35分）、私は2機の飛行艇がスール島からフィンランド沿岸を目指して飛んで来るのを見つけ、6分後に迎撃した。メッリン伍長は敵を追撃する最終段階ではるかに遠く後落したので、私の最初の攻撃は単独で行われた。

「私は飛行艇の航跡を追って急降下した。しかしほんのわずかな損傷を与えただけ──私は薄い煙を曳くのを見た──だった。私の戦闘機の小口径の胴体銃が、作動する唯一の武器であったからである。それから私は先導機に向かって、二度目の急降下をした。今度は胴体の重機関銃も作動し、私がエンジンを射撃した後、飛行艇はすぐに爆発した。

「その間にメッリン伍長は、わずかな損傷を負った飛行艇を攻撃したが、撃墜しそこねた。その後私は2回目の攻撃に向かい、エンジンに短い連射を

上●1941年6月25日、継続戦争開戦日、セランパーにおいて夕日を浴びる、第24戦隊第2中隊のBW-352「白の2」。この日早く、エーロ・キンヌネン上級軍曹は、2回の出撃で4機のツボレフSBを撃墜し、5機目の撃破を分け合った。中隊は、25日に南部フィンランド上空で全部で10機を撃墜したが、このすべてが最近の研究で確認されている。（SA-kuva）

下●マッティ・パスティネン少尉は、継続戦争の最初の6カ月の第24戦隊の唯一の犠牲者であった。第3中隊パイロットの彼が1941年6月28日、ヴェシヴェフマーで離陸しようとしたとき、BW-369「オレンジの7」のプロペラは突然ピッチが固定してしまった。機体は滑走路端の木をなぎ倒して墜落し、何回か側方転回して、実質的に2つに折れて停止した。パスティネンは重傷を負って残骸から引き出されたが、5日後に野戦病院で死亡した。（R Lampelto）

加えると、すぐに燃え上がった。両機とも海に墜落した。

「飛行艇は機首と後部胴体上に機関銃を装備していたが、遅く動きが鈍く、私の機体は損傷を負わなかった」

　同じ日、フィンランド空軍パイロットは、赤軍の新型爆撃機、ペトリャコフPe-2［訳註：1939年初飛行。当初先進的な高高度爆撃機として設計されたがその必要に乏しく、高速軽爆撃機に転換された。運動性が良く、軽快、高速な機体であった。全長12.241m、全幅17.15m、総重量7536kg、最高速度540km/h。エンジン：M-105（1050馬力）2基、武装：7.62mm機関銃4挺、爆弾1000kg］に最初に遭遇したと報告した。継続戦争の最初の数カ月にはごく少数しか使用できなかったため、初期のPe-2は主として写真偵察機として使用された。高順位の戦時エースのヨルマ・サルヴァント中尉は、Pe-2と交戦した最初のフィンランド空軍パイロットのひとりであった。彼は6月29日、BW-357で戦闘空中哨戒中、爆撃機の2機編隊を迎撃した。

「双発双尾翼の機体がクーサンコスキの3000m上空を飛行し、ウッティに向かっていた。彼らは600mの距離をとって離れていた。私は無線で僚機に爆撃機をクーサンコスキの南に攻撃するよう連絡し、私はもう1機を南に追った。私が私の獲物を追っているとき、『味方』の対空砲の曳光弾が飛んで来て私の周りで炸裂した。

「敵は私とほとんど同じ速度で飛んでいた。私は注意深く狙い、400mの距離で射撃した。左側のエンジンに命中し煙を発し始めた。私は爆撃機に近づき、再び後方および下方から射撃した。胴体外板がいくらか飛び散った後、敵機はシッポラとウッティの間に墜落した。ひとりの乗員が脱出した。

「その後、私はもう1機を全速力でセイスカリの海岸まで追いかけた。しかし敵機は離れ続けついに逃走した。

「撃墜した機体は私がその後を追っていたとき、800mの距離から撃ってきた。私は500Km/hは出ていた」

　当時のソ連の記録では、6月25日から7月1日まで続いた爆撃機の攻勢の間に、39カ所のフィンランドおよびドイツ空軍基地（2カ所の飛行場にドイツ軍分遣隊がいた）が攻撃され、130機が地上で破壊されたとしている。ドイツ軍側の記録はこうした損害を示しておらず、一方フィンランドは2機が

BW-372「白の5」は、第2中隊の指揮官、レオ・アホラ大尉の乗機であった。これは1941年7月にヨエンスーで撮影されたものである。彼の中隊はこの月の最後の週、彼らの基地から爆撃機の護衛作戦に飛び立った。ドイツ空軍が採用した黄色の東部戦線マーキングにしたがい、すべてのフィンランド空軍機は、通常翼端が全翼長の六分の一にわたって同様の色で塗装された。(E Rinne)

軽微な損傷を受けただけであった。他方フィンランド空軍戦闘機は、同時期に34機の爆撃機を破壊したと主張している——第24戦隊はこのうち半分を記録した。

このとき生じた戦隊の唯一の損害は、マッティ・パスティネン少尉を失ったことだった。彼は6月28日に、ヴェシヴェフマーで、誤ったプロペラピッチをとったため離陸に失敗しBW-369は大破した。パスティネンは負傷して5日後に死亡した。

カレリア攻勢
Karelia Offensive

バルバロッサの初期の成功の後、1941年6月の終わり、フィンランド側は急いで彼ら自身の攻勢を計画した。これはカレリアとラドガ湖の北への突撃と、カレリア地峡を越える単一の攻撃の2つの局面から成っていた。陸軍の目的は、1940年の講和条約の一環として割譲されたこれらの地域を占領することだけだった。

カレリア軍はラドガ湖の北で作戦を行い、第2飛行団が、3個戦闘機戦隊全部に加えて、偵察および陸軍直協任務の第12および第16戦隊をもって割り当てられた。そして必要な場合、第4飛行団のブリストル・ブレニム爆撃機〔訳註：イギリスから戦前に18機が購入され、冬戦争中に22機が供与された（1機は途中で墜落）。その後フィンランド国内でさらに55機がライセンス生産された。1936年初飛行。民間輸送機をベースに開発された双発爆撃機。全金属製の近代的な機体で、出現当時は戦闘機より優速な高速爆撃

第24戦隊第3中隊に配備されたBW-368「オレンジの1」。1941年7月の撮影。本機は継続戦争開始後すぐに、ランタサルミで「梱包状態」のまま撮影されている。1942年8月12日、「ニパ」・カタヤイネン軍曹は、2機のI-153を撃墜——彼は1941年8月1日から1943年9月23日までにBW-368で8.5機の戦果を報告している——してエースとなった。カタヤイネンは1941年6月18日に動員で若き伍長として第24戦隊に加わった。BW-368の特徴的な部隊マークに注目。これは空軍動員1週間後に、空軍総司令官のルンドクヴィスト少将が、こうした航空機の個別マークを許可した結果、可能となった。これ以前には、軍用機にはこのような部隊ないし個人のエンブレムは描かれていない。この規則の緩和を活用したのは、ほんの一握りであった。

ヤロ・ダール上級軍曹が、第24戦隊第4中隊のBW-393「黒の9」の前でポーズをとっている。1941年8月、ランタサルミにて。戦闘機のラダーに描かれた中隊カラーは、基本的に冬戦争中に部隊で使用されたものと同一で、さらにスピンナーには識別帯が追加されている。

このBW-367「白の7」の斜め上から見た写真によって、フィンランド戦闘機の基本迷彩塗装パターンがはっきりわかる。1941年8月初め、ランタサルミで撮影されたもの。第24戦隊第2中隊に配備されたこのブルーステルは、この写真が撮られたとき、エンジンのオーバーホールを受けていた。後に5.333機を撃墜してエースとなったヴェイツコ・リンミネン准尉は、この機体を使用して1941年6月30日にSB-2bisを撃墜した。部隊の「飛びかかる山猫」のモチーフは、当初1941年7月に第3中隊に見られたもので、その人員の多くはフィンランドのハメ地方から来ており、そこでは山猫が紋章に描かれた「地域のシンボル」であった。2週間のうちに、戦隊の残りの3個の中隊（第24戦隊第2中隊を含む）もまたこのエンブレムを採用し、これはそのまま第24戦隊のマークになった。しかしすべてのブルーステルにこのマークが描かれているわけではない。山猫はステンシルを使用して白で描かれていた。このマークは2年以上にわたって、ほとんどのモデル239に残され、1943年終わりにこれらの機体がタンペレでオーバーホール（そして再塗装）されたときに姿を消した。

であった。全長12.12m、全幅17.17m、総重量5561kg、最高速度459km/h。エンジン：ブリストル・マーキュリーⅧ（840馬力）2基、武装：7.7mm機関銃2挺、爆弾454kg。乗員3名」も呼び寄せることができた。

7月3日、第24戦隊のほとんどは、今後の作戦地域に近づくため、ヴェシヴェフマーから東部フィンランドのランタサルミに飛行した。

しかし攻勢準備中のフィンランド軍部隊の集結が、ソ連軍偵察機に探知されてしまったため、7月8日、航空攻撃が開始された。展開した部隊を守るため、ブルーステルのパイロットは3回の交戦中に2機の爆撃機と6機の戦闘機を撃墜した。この日成功を収めたパイロットのひとりは、冬戦争のベテランの「ラプラ」・ニッシネン曹長であった。彼は新たな戦争の彼の最初の戦闘行動をよく観察した。彼は第3中隊に配属されており、BW-353で離陸して1400時（14時00分）に前線上空で敵機を発見した。

「私は先導ペアを率いるコッコ中佐の編隊で飛行しており、エンソ上空で500m下方に、2機の『チャイカ』とR-5を発見した。私はR-5に急降下し、100mに近づくまで射撃を控えた。曳光弾がパイロット後方の胴体に命中した。私は銃手が私に反撃して来ないのに気が付いた。

「それから私は『チャイカ』と格闘戦を始め、急降下により2回離脱せざるえなかった。その後私は急角度で引き起こし、敵機を正面から攻撃した。我々は何回かお互い向き合い、我々の両者がそれぞれを射撃した。最後の航過で私は『チャイカ』のエンジンに命中させることに成功し、敵機は煙を噴き出して脚を降ろした。

1941年7月10日、ランタサルミで、すでにパラシュートを着けた、第24戦隊第3中隊の4人の冬戦争のベテランが、出撃前の指令書を急いでチェックしている。左から右に、イルマリ・ユーティライネン准尉（中隊長）、ヨルマ・カルフネン中尉そしてペッカ・コッコおよびラウリ・ニッシネン曹長である。第二次世界大戦終結までの彼らの総計戦果は、171機撃墜という目がくらむようなものであり、コッコ以外の全員が、第24戦隊勤務中にマンネルヘイム十字章を授章した。（SA-kuva）

「しかし私はこの機体を追いかけることはできなかった。というのも他の『チャイカ』が私の後方に滑り込んだからである。この機体を急降下で振り切った後、私は敵機の方に向きを変え再び正面から攻撃した。お互い何回か航過した後、『チャイカ』のパイロットは離脱を図り、地上へ急降下して逃れようとした。私は簡単にそれを捕まえたが、彼は明らかに私が後方についたのに気が付かなかった。というのも彼は真っすぐに前に飛び続けたからである。この時には、左側胴体銃しか作動していなかった。それで私は『チャイカ』の尾部後方に近づいて砲火を開いた。戦闘機はすぐ火に包まれ、川の西岸のエンソの森の中に墜落した。私が射撃を開始したとき、地上からはたったの20mしかなかった。

「『チャイカ』は私のブルーステルより機動性が高かった。4、5回旋回した後で私の尾部につくことができた。しかし私の機体はロシア機より、かなり優速だった」

ニッシネンのI-153は両方とも第65突撃飛行連隊（65.ShAP）から呼び寄せられたもので、これらはフィンランド軍地上監視哨によって墜落が目撃された。ニッシネンは冬戦争中4機の撃墜を記録していたので、7月8日の激しい戦いによる勝利によって彼はエースとなったが、正面攻撃については中隊長から叱責される結果となった。

第24戦隊は翌日もまた大きな成功を収めた。「エカ」・マグヌッソン少佐に指揮された第3、第4中隊の12機のブルーステルは、0400（4時00分）に戦闘哨戒に飛び立ち、70分後ラフデンポフヤ上空で9機の戦闘機が、第65突撃飛行連隊（65.ShAP）の15機のI-153と交戦した。BW-378を操縦していた「ペッレ」・ソヴェリウス中尉はこの戦闘に参加し、次のように述べている。

「私が私の前方500mに緩い編隊の5機のI-153を見つけたとき、すでに戦闘は始まっていた。私は1機を攻撃したが、避けられた。しかし別の機体が上昇旋回中に私の前に横滑りして来たので私はその機体を射撃した。敵機のエンジン後方のカバーがすぐに吹き飛び、厚い煙の帯を曳きながらすぐ

1941年7月、ランタサルミにて、BW-366「オレンジの6」が、日焼けした整備員によって手動で給油されている。彼が頭の上に結んだハンカチをかぶっていることに注目。この機体は第24戦隊第3中隊長の「ヨッペ」・カルフネンに割り当てられたものである。カルフネンは1941年7月4日に、BW-366でブルーステルでの最初の戦果をあげている。彼はこの特別な機体で1943年5月4日に、彼の31機目で最後となった戦果をあげるまで成功を享受し続けた。カルフネンの戦果のうちの17.5機以上が、BW-366であげられたもので彼の350回の作戦出撃のうちのかなりの割合で、この機体に搭乗した。機体のスピナーがその中隊ナンバーに合わせてオレンジに塗装されていることに注目。（R Lampelto）

に地上に垂直に墜落した。

「それから私は上昇して戦闘のただ中に戻り、もう2機のI-153によく狙った連射を浴びせた。しかしさらに3機の『チャイカ』が私の後尾に食いついたので、攻撃から離脱せざるえなかった。

「戦闘中ずっとI-153は同じ高度に留まった。そして彼らの唯一の防護機動は、降下することだけだった」

10分間にソ連空軍は、その「チャイカ」の8機を撃墜され、別の4機に損害を受けた。これらは6名のパイロットが記録したものであった。ユーティライネン准尉（BW-364に搭乗）およびニッシネン曹長（BW-353に搭乗）は2機を主張し、一方第3中隊長のカルフネン中尉と第4中隊長のソヴェリウス中尉はこのように決然と戦ったことで、マグヌッソン少佐はロレンツォ大佐に、両者のマンネルヘイム十字章受章を推薦した。しかしこの栄誉は、とりあえ

継続戦争の間、第24戦隊の総司令部はミッケリの小さな町に置かれていた。そして1941年7月2日から2カ月間、司令部を守るため、第1中隊の4機のブルーステルが、近くの飛行場に配備されていた。ヨエル・サヴォネン中尉のBW-361「白の8」はそうした機体の1機で、写真の機体には1941年7月16日に得られた戦果を示す撃墜マークが描かれている。これはサヴォネンの8機の戦果の最初の1機である。（Bundesarchiv）

ず却下された。

　ブルーステルは、飛行ぶりはそのライバルより鈍重だったが、急降下では高速を維持することができた。フィンランド空軍パイロットは、継続戦争の開始以来、「振り子」戦術（一撃離脱戦術）をとった。こうした戦術では、パイロットは高速で敵機に向かって急降下し、一航過で射撃し、その後上昇して高度をとる、そしてこの機動をすべて再び繰り返すことを要求された。こうした戦術はスペイン戦争以来、ドイツ空軍によって効果的に運用されており、これはまた次の2年間にフィンランド空軍パイロットにも大きな成功をもたらした。

　1941年7月10日、カレリア軍は攻勢を開始し、6日のうちにラドガ湖の北辺を占領した。北岸に沿って前進し、正確に2週間後、歩兵はトゥーロス川に到達し彼らの当座の目標に到達した。この地点で、フィンランド国防軍最高司令官のカール・グスタフ・エミール・マンネルヘイム元帥は、前進の停止を命令した。

　カレリア地峡を獲保する攻勢は7月31日に開始され、陸軍の先鋒部隊はヴィープリを通過して東に押し出し、正確に1週間後ラドガ湖岸に到達した──最終的に勝利するカレリア軍は、8月15日に出会った。ヴィープリは、1941年8月30日フィンランド軍部隊によって最終的に解放されるまで包囲が続けられた。奪取に続く4日間、部隊はソ連・フィンランド旧国境まで退却する赤軍を追い、レニングラードから30kmのそこで停止する命令を受けた。

　ホーカー・ハリケーン［訳註：冬戦争中にイギリスから12機を購入され、途中で2機は墜落した。1935年初飛行。複葉のフューリーをベースに開発された機体で、イギリス空軍最初の近代的な単葉戦闘機であった。ただし後部胴体は鋼管羽布張りというまだ旧式な構造を残していた。それでもスピットファイアとともに、イギリス空軍の主力戦闘機として活躍した。なお後述のようにレンドリースによりソ連にも供与されたが、そのうちの1機が捕獲されフィンランド空軍で使用された。全長9.82m、全幅12.19m、総重量2996kg、最高速度527km/h。エンジン：ロールス・ロイス・マーリンIII（1030馬力）、武装：7.7mm機関銃8挺］とカーチス・ホーク［訳註：ドイツのフランスからの捕獲品を44機購

1941年7月終わり、ランタサルミにて、第24戦隊第4中隊副官リッカ・トッツリョネン中尉（右）と彼の整備員がいっしょに、BW-385「黒の2」の前でポーズをとっている。1941年12月3日、まさにこのブルーステルがノビンカでソ連軍の対空砲によって撃墜され、直接敵の行動によって失われた最初の機体となった。そのパイロットのヘンリキ・エルフヴィング中尉は戦死した。

1941年7月、ランタサルミにて、パーヴォ・メッリン伍長が、第24戦隊第3中隊のBW-355「オレンジの7」のコクピットに、シートベルトを締めて収まった。本機はノキア社によって購入された機体で（29頁の写真を参照）、機体の贈呈銘は1941年6月に戦闘機が迷彩されたときに、白色の塗装に改められた。後に5.5機撃墜のエースとなるメッリンは、BW-355に騎乗している間に、1機のI-16（1941年8月1日）を撃墜し、1機のMiG-3（1941年7月6日）を協同撃墜した。

1941年9月26日、第24戦隊第3中隊のニルス・カタヤイネン軍曹は、彼の6機目の戦果（I-153）を報告した。エースがラドガ湖の北東の乾いた湖岸にある戦隊のマンツィラ基地に戻ると、彼の整備員は急いでBW-368「オレンジの1」の尾翼にしつらえられているユニークなスコアボードの下に、続く「チャイカ」のシルエット（正面から見たもの）を加えた。カタヤイネンの肩越しには、撃墜した3機のI-153に1機のI-16とSB-2bis──すべて継続戦争で撃墜したもの──も描かれている。カタヤイネンは1942年9月までBW-368を飛ばし続けたが、そこで双発エンジン機を習得するため第24戦隊を去った。（N Katajainen）

入。1936年初飛行。低翼単葉引き込み脚の、アメリカ陸軍の主力戦闘機として初めての近代的戦闘機であった。しかし性能不足と各種初期トラブルのため改良が重ねられたが、その間戦闘機の進歩はものすごく、日ならずして旧式化してしまった。全長8.91m、全幅11.37m、総重量3010kg、最高速度450km/h。エンジン：ワスプ（1065馬力）、武装：12.7mm機関銃2挺、7.62mm機関銃4挺）（および上空掩護をする、第24戦隊第3中隊のブルーステルで増強された）を装備した第32戦隊は、戦役を通して近接支援任務のために飛行した。最初の大規模戦闘が生起したのは、8月1日のことであった。このときブルーステルのパイロットは、ヴィープリの北東で6機のI-16を撃墜したと報告、ユーティライネン准尉はBW-353で2機の戦果をあげた。

　11日後、同じ地区で「ヨッペ」・カルフネン指揮下の6機のブルーステルは、第23軍の空軍の20機以上のI-153がフィンランド歩兵を機銃掃射するのを防ぐことに成功した。この行動は1300（13時00分）に始まり、まるまる30分続いた。その間9機の「チャイカ」が撃墜された。すべてのフィンランド空軍パイロットが少なくとも1機の戦果をあげたが、ニルス・カタヤイネン軍曹はBW-368に乗って2機、イルマリ・ユーティライネン准尉はBW-364に乗って3機を落としたと報告した。ユーティライネンは以下のように振り返っている。

「ストリョンベルク中尉が無線で『チャイカが下にいる』と叫ぶやいなや、私は彼らを見つけた。私は彼の呼びかけを繰り返し、その後フオタリ軍曹を率いて、編隊の一番後方の機体を攻撃した。しばらくして戦隊の同僚が戦闘に加わった。交戦に入る前に、私は22機の敵機を数えた。私はなんとかロシア機のパイロットを奇襲しようとした。最初に私が射撃した迷彩されたI-153は、長い連射の後、煙を噴き始め、緩やかに右に傾き垂直に落ちていった。パイロットはパラシュート降下しなかった。

「2機目は上から、そして下から攻撃した。敵機から何枚かのパネルがはがれた。敵機は真っすぐ飛行を続けていたが、やがてきりもみ降下に入った。私はできうるだけ長く視界に捕らえ続けたが、やはり誰も飛び出さなかった。

「攻撃した3機目のI-153には、再び後ろから近づいた。私のブルーステルは、射撃航過した後、吹き出したオイルに包まれた。パイロットはいかなる回避機動も取らず、機体は急降下に移り右に傾いて消えた。

1941年10月初め、第24戦隊第4中隊長で冬戦争のエース、「ペッレ」・ソヴェリウス大尉が、ルンクラの乾いた湖岸の滑走路でポーズをとっている。彼の後方はBW-378「黒の5」で、機体にはオットー・ウレーデと銘が刻まれている。これはスウェーデンのフーゴー・ハミルトン男爵と彼の妻に敬意を表したもので、彼らはこの機体の購入資金を寄付したのである──ハミルトン婦人の親戚のひとりは、冬戦争中ラップランドでスウェーデン義勇大隊に参加して戦死した。「ペッレ」・ソヴェリウスは1942年2月16日に戦隊を去り、そのときまでに彼は257回の作戦飛行で12.5機（3機および4機の協同撃墜がD.XXI FR-92で、7機がBW-378で）の戦果をあげていた。

「射撃した4機目の『チャイカ』もまた後方から攻撃した。機体はゆっくりと傾き旋回を始めた。I-153を急降下で航過してもう1回連射し、上昇して戻ると敵機はもう見えなかった。

「私は全部で10機を射撃した。これらの機体はすべて迷彩されていた」

オロネツとカレリアの占領
Occupation of Olonets and Karelia

　1941年9月3日、カレリア軍は進撃を開始し、4日間で75km前進してスヴィル川に到達した。ちょうどその翌日、9月8日、ドイツ国防軍は南部でラドガ湖に到達し、900日におよぶレニングラード包囲が開始された。その間フィンランド軍は、東と西からペトロザヴォーツクへの前進を続け、第24、第26および第28戦隊は、前進するカレリア軍の上空掩護に飛行した。攻勢の開始日、ルーッカネン大尉の増強第1中隊は、ルンクラの急造飛行場に飛んだ。飛行場はラドガ湖北東岸の乾いた砂地の滑走路から成っていた。マグヌッソン少佐が戦隊の残余を連れて2週間後に続き、その間、第1中隊はさらに南東のラドガ湖の東のヌルモイラに移動した。

　継続戦争のこの時期まで、第24戦隊第2中隊はとくに爆撃機護衛作戦に従事していたが、11月6日にソ連空軍の予想される空襲から首都を守るため、ヘルシンキ・マルミ飛行場に再配置された。この日までパイロットは空中戦果を報告できる交戦の機会はほとんどなかった。

　しかしこれは第4中隊にはあてはまらなかった。9月17日、中隊長のソヴェリウス大尉に指揮された8機のブルーステルは、ペトロザヴォーツクの東で14機のMiG-3［訳註：1940年初飛行。有名なミコヤンとグレヴィッチのMiG設計局の作品で、前作MiG-1の改良型。高空性能、高速性能に優れていたが、低速性能が悪く、安定性の悪さ、武装の威力不足といったMiG-1から引き継いだ欠点は本質的には解消されなかった。全長8.26m、全幅10.20m、総重量3350kg、最高速度640km/h。エンジン：AM-35A（1350馬力）、武装：7.62mm機関銃2挺、12.7mm機関銃1挺、爆弾200kg］に迎撃された。彼らの戦術的優位をフルに活用して、フィンランド空軍パイロットはちょうど10分間に7機のソ連戦闘機を撃墜し、リッカ・トッリョネン中尉はBW-385で2機の撃墜を報告した。48時間後、第3中隊はスヴィル川

第24戦隊第4中隊のウルホ・サルヤモ士官候補制（中央）が、整備兵とともにBW-380の尾部近くに立つ。1941年8月18日、サルヤモは敵と初めて交戦し、彼に群がる8機のロシア空軍戦闘機の1機の後ろに着こうと試みる間に、たまたまBW-383のスロットルを閉じてしまいエンジンの全パワーを切ってしまった。彼はうまくブルーステルをヴオクセンランタに胴体着陸させたが、地上で停止するまでにかなりの損傷を受けてしまった。BW-380はまっすぐ国営飛行機製作所に送られ、修理できるまでにまるまる4カ月も要した。BW-380は最終的に1943年5月2日に失われた。この日、同機はオラニエンバウム上空でLaGG-3に撃墜されたのだ――ブルーステルのパイロット、第2中隊長のリッカ・トッリョネン大尉は戦死した。「ウルッキ」・サルヤモは、1944年6月17日に戦死するまでに、12.5機の戦果に到達した。（U Sarjamo）

上空、オネガ湖とラドガ湖の間で、3機のSBと1機のMiG-3を撃墜した。

9月23日、この日は第3中隊が増え続ける戦隊の戦果を追加する日であった。カルフネン大尉に率いられた8機のブルーステルは、第155戦闘機飛行連隊（155.IAP）の3機のI-16を攻撃した。敵機はオネガ湖に近いペトロザヴォーツクで、フィンランド空軍部隊に機銃掃射を加えていた。かなり有利な条件を活用して、フィンランド空軍パイロットは、すばやく3機のポリカルポフ戦闘機を撃墜した。それからあらかじめ指示された計画に従い、カルフネンは彼の中隊に（無線で）基地に帰るよう命じると、完全に無線を封鎖して30分間原野の上を低空で旋回した。それから彼は2機の「ラタ」が撃墜された場所に戻ると、再び機銃掃射していた第155戦闘機飛行連隊（155.IAP）の6機のI-16を奇襲した。逃れられたのはたった1機だった。3日後、カルフネン大尉は同じ戦術を繰り返した。そして今回彼の中隊は、最初に出くわした全6機の「チャイカ」を撃墜した。しばらくの間木の梢の高さで旋回した後、フィンランド空軍パイロットが戻ると、第65突撃飛行連隊（65.ShAP）の3機のI-16、3機のI-15bisそして2機のI-153が部隊に嫌がらせをしているのを発見した。さらに3機の戦闘機が撃墜されると、残りは逃げ出した。カルフネンはBW-366で2機を、ユーティライネンはBW-364で3機を記録した。以下は後のパイロットの戦闘報告書から抜粋されたものである。

「小さな飛行場のちょうど北で起こった最初の戦闘中、私は1機のI-153が地上すれすれを脚を出して私に向かって来るのを発見した。敵パイロットは私を発見した後、旋回して逃れようとした。しかし敵機は私が短い連射を加えると、傾いて木にぶつかり森の中に墜落して火に包まれた。コッコ中尉が起こったことをすべて見ていた。

「2回目の交戦の間に、私は2機のI-15が逃げ出そうとするのを見つけた。1機はニッシネン曹長に撃墜されてオネガ湖に墜落し、その間に2機目の敵機は雲の中に急降下し、私はその後を追った。敵パイロットを奇襲して、私は彼の機体の胴体を後方から射撃すると、彼は急降下に入った。私は敵機が森に垂直に墜落するまで、ポリカルポフのもとに留まった。ニッシネン曹長もまた墜落を見ていた。

「その後私は3機のI-16と有利に取っ組み合い、最後はその中の1機の後尾につくと、部隊が密集している道路の脇の森の中に撃ち落とした。カルフネン大尉は撃墜された機体が地上で燃え上がるまで見ていた」

第24戦隊第3中隊副官のペッカ・コッコ中尉が、BW-379「オレンジの9」でインモラの滑走路上で速度を上げ、離陸しようとしているところである。写真には見えないが、BW-379には珍しくコッコの洗礼名を意味するパーソナルマーキングが、右側のカウリング後方のみに描かれている。コッコは冬戦争中に3機を撃墜したベテランで、さらにこの写真が撮られた1941年9月までに、BW-379でさらに6.5機の戦果をあげた。ペッカ・コッコはこの2カ月後の11月24日に、テストパイロットを勤めるためにコエレントゥエ（試験飛行隊）に赴任し、さらに150回の戦闘飛行の間に撃墜13.5機まで戦果を増やした。（SA-kuva）

ペッカ・コッコのBW-379と同じ日にインモラで、ちょうど離陸しようとしているところを撮影された第24戦隊第4中隊のBW-394「黒の6」。本機はこの時期、つねにエリック・テロマー少尉が搭乗していた。彼は後に中隊長となるとともに、19機を撃墜するエースとなった（しかし彼はこの機体では1機の撃墜も報告していない）。BW-379は1942年6月6日に損傷を受けて不時着した後、登録を抹消された。そのパイロットのウオレヴィ・アルヴェサロ中尉は、重い傷を負うことなく戦闘機の残骸から脱出した。(SA-kuva)

1941年10月、オロネツ地峡、ヌルモイラ近くの森の中の展開地域で、エンジンカバーが取り外され、BW-375「白の5」の次の作戦の準備が行われている。この機体は、当時第1中隊長の「エイッカ」・ルーッカネン大尉に割り当てられており、彼はこの機体で1941年7月8日から11月7日までに4.5機の撃墜を報告した。彼のパーソナルマーキングは、ここに見られるように戦闘機の青いスピンナーの白い帯である。青は第1中隊の色であり、ブルーステルのラダーにも塗られている。

10月1日のオロネツとペトロザヴォーツクの占領の後、カレリア軍のオネガ湖西岸に沿っての北方への進撃速度は低下した。湖の北端に到着すると、部隊は12月5日にカルフマキ（メドベジェゴルスク）を、翌日にポヴェンツァを占領した。こうしてフィンランド軍の前進は終了した。この防衛陣地から2年と半年におよぶ陣地戦が始まるのである。

10月7日、この新たな攻勢を支援して、ソヴェリウス大尉（BW-375に搭乗）に指揮された6機のバッファローが、コントゥポフヤ上空で15機のI-153およびI-16戦闘機と交戦し、そのうち5機を撃墜した。8日後、エイノ・ルーッカネン大尉（BW-375に搭乗）は、スヴィル川上空で6機のブルーステルの戦闘航空哨戒を率いた。そのときのことである。

「2発の爆弾が川の真ん中で爆発し、2つの水の飛沫が空中高く舞い上がった。対空砲中隊からの曳光弾が、3機の攻撃する爆撃機を見つける助けとなった。爆撃機は炸裂する対空砲弾に囲まれていた。射程距離に近づいて、私は我が目を疑った。3機ともスキーを履いていたのである！　第一に、私はいままでスキーを装備した双発機を見たことがなかった。そして第二に、見渡す限り、どこにも雪は見えなかったからである。

「カイ・メツォラ中尉（BW-390に搭乗）が最初の爆撃機に火を噴かせて、オスタの南の森の中へ撃墜した。そして2機目の機体もヴィクトル・ピヨツィア准尉（BW-376で飛行）に攻撃された後、同じ運命に見舞われた。

「3機目の機体は東に逃走しようとした。しかし私はすぐに捕えた。100m以内に近づいてから発砲した。そして私は胴体に命中するのを見た。突然、垂直にねじれて燃えるリボンが、私と目標の間に現れ、私は攻撃を中止せざるを得なかった。私はこれまでにこのようなものを見たことがない。その後この燃える物体が何だったか探そうとしたのだが、それは私にとってはいまだ謎のままである。

「爆撃機の背後に再び引き起こすと、私はそのエンジンのひとつから煙が出ているのに気がついた。そ

れで私は代わりにまだ作動しているエンジンを狙うと、これもまた煙を噴き出し始めた。いまや私は爆撃機のちょうど50m後方で浅い降下をしており、暗い色の服を着た2名の乗員が致命傷を負った機体から飛び出した。私は機体を引き起こしていまやパイロットのいない爆撃機から離れて、揺れながら落下する2つのパラシュートを眺めた。機体は急降下し続け、スランドゼロの東の森の中に墜落した」

これらのSBは第72高速爆撃機飛行連隊（72.SBAP）に所属しており、明らかに北方の基地から南下して来たものだった。そこでは雪がすでに降り始めていた。悪化する冬の天候はこれからの2カ月にわたって、両者の飛行を制限することになる。

12月17日、1941年の最後となる大規模な戦闘が生起した。カルフネン大尉に率いられた4機のブルーステルは、白海の西方での哨戒飛行中に、9機のハリケーンと「チャイカ」の混成編隊と交戦した。戦闘は20分間続き、5機のソ連機が撃墜された。カルフネンはBW-366で、各タイプ1機ずつを撃墜したと報告した。

12月23日までに、第24戦隊司令部、第3、第4中隊は、オネガ湖中央部西岸のコントゥポフヤの小さな港の近くの季節用飛行場に移動した――それが「季節用」と考えられたのは、湾の中の町の凍った港が滑走路として使用されたからである！

1941年中に、部隊は135機の空中戦果を報告し、敵機からは1機の損害も受けなかった。12月3日にノビンカでヘンリク・エルフヴィング中尉がBW-385で飛行中にソ連軍対空砲に撃墜されたのが唯一の作戦損失であった。

第24戦隊は目覚ましい記録を打ち立て、再びフィンランド空軍で最高の戦闘機部隊となったのである。比較をすれば、第26戦隊は1機のフィアットG.50も失わずに52機を撃墜し、第28戦隊はそのモラヌ＝ソルニエMS.406で70機の戦果をあげた。しかし彼らはその間5機の損失を被った。そして第32戦隊はカーチス・ホークで52機を撃墜し、同じく敵戦闘機によって5名のパイロットを失ったのである。

1941年10月、ヌルモイラで整備用ハンガーの脇に駐機する第24戦隊第1中隊のBW-382「白の9」。BW-382は、以前第2中隊にいた冬戦争のベテラン「ヴェカ」・リンミネン准尉が、第1中隊に配属されるとともに彼に割り当てられた。リンミネンは第24戦隊第2中隊で、すでに撃墜1機および2機の協同撃墜の戦果（撃墜1機および1機の協同撃墜はD.XXIで1940年に記録したもの）をあげており、BW-380では8月から9月に、撃墜1機および2機の協同撃墜を記録した。1942年9月15日に教官として空軍戦闘機学校に赴任するまで、彼はこの「白の9」で飛び続けた。このときまでに彼の戦果は5.333機撃墜となった。

まるでモラヌ＝ソルニエMS.406の縮小版のように見えるが、国営飛行機製作所が設計し、1940年から41年にかけて51製造された、空冷エンジンと2座席のVL Pyry（つむじ風）高等練習機［訳註：全長7.70m、全幅9.80m、総重量1535kg、最高速度328km/h。エンジン：ライト・ウィールウィンド R-975-E3（420馬力）、乗員2名］である。ほとんどの前線部隊には、評価目的で本機が1～2機配備されており、第24戦隊には1941年4月29日から7月5日までPY-33が配備されていた。PY-33は空軍最高の戦闘機部隊に短期間あった後、空軍戦闘機学校に配備された。写真は1941年10月22日にカウハバで撮影されたもので、第24戦隊に配備されていた当時と同じ塗装が施されている。（Finnish Air Force）

chapter 4
陣地戦
STATIONARY WAR

　1941年8月、レンドリース（武器貸与）輸送でイギリスから元イギリス空軍のハリケーン多数が、ムルマンスクとアルハンゲリスクのソ連の港に到着し始めた。組み立てられるとこれらの機体は、主としてムルマンスクおよびカンダラクシャ地域の北洋艦隊航空隊によって、ドイツ軍に対して使用された。しかしソ連に到着した航空機のほとんどと同様に、フィンランド国境に沿った空軍部隊もまた、ハリケーンⅡAおよびⅡBで再装備し始めた。

　イギリス製の戦闘機がムルマンスクの南の部隊に到着し始めると、第14戦隊とその旧式なフォッカーD.XXIは、白海に面したベロモルスクの西200km、フィンランド空軍最北のティークスヤルヴィの基地から行動する準備を始めた。空軍の高官は部隊が数を増し続けるソ連空軍の近代的戦闘機を自身で撃退できる見込みはほとんどないと気が付いていた。それで1942年1月8日、第24戦隊第2中隊は、一時的に8機のバッファローをもってティークスヤルヴィに展開した。部隊は2週間のうちに、別の4機の到着によって増強された。

　この北への移動の正確に1週間前の、第24戦隊の配置は以下のようであった。

1942年1月1日の第242戦隊
司令官　グスタフ・マグヌッソン中佐　司令部をコントゥポフヤに置く
第1中隊　エイノ・ルーッカネン大尉　ヌルモイラにあり7機のブルーステルを

1942年2月初め、第24戦隊第3中隊の「イル」・ユーティライネン准尉の乗ったBW-364「オレンジの4」が、コントゥポフヤ港のドックサイドの設備を通り過ぎて滑走する。この場所から作戦したブルーステルは、氷の滑走路が通常毎日除雪され平らにならされていたので、スキーを取り付けられていなかった。機体の垂直安定板上に目立つ継続戦争の戦果を示すシルエットは、1941年9月に標準的な空軍の撃墜マークとして導入されたものである。

装備
第2中隊　レオ・アホラ大尉　ヘルシンキ・マルミにあり6機のブルーステルを装備
第3中隊　ヨルモ・カルフネン中尉　コントゥポフヤにあり7機のブルーステルを装備
第4中隊　ペル=エリク大尉　コントゥポフヤにあり8機のブルーステルを装備

1942年2月15日、コントゥポフヤの快適な装備付きのサービスハンガーで定期整備中をとらえたブルーステル。この暖房装備は、マイナス30度にも低下する気温の中で作業に奮闘する整備員に退避所を提供するため、急ぎ建てられたものである。コントゥポフヤの基地は、湖岸の港の建物と凍った湾の氷の滑走路からなっていた。（SA-kuva）

1月24日、第24戦隊第2中隊は、ルカ湖地区で敵と初めて交戦した。このときブルーステルは、第65突撃飛行連隊（65.ShAP）の10機のI-15bisおよびI-153戦闘機と遭遇し、そのうち4機を撃墜したと報告した。5機目のソ連戦闘機もまた破壊された。V・A・クニズニク中尉は故意に彼のI-153をパーヴォ・コスケラのBW-372にぶつけると、「チャイカ」は不時着し、ブルーステルは右翼端を破損して基地に帰投した――両パイロットともに撃墜戦果を報告した！　しかし部隊はこの日、後にもっと通常の攻撃で、貴重なブルースター239を1機失った。BW-358に乗ったエイノ・ミッリマキ軍曹は、ベロモルスクへの爆撃機護衛作戦で失われたと報告された。最近の調査では、彼は第152戦闘機飛行連隊（152.IAP）のハリケーンに撃墜されたことが確認された。

フィンランド国境に沿って戦闘が拡大すると、第24戦隊の他の中隊も、コ

1942年2月15日、コントゥポフヤ港ではもっと一般的な運搬手段（小船）のそばで駐機する、第24戦隊第3中隊のBW-388「オレンジの5」。この機体は中隊副官のオスモ・カウッピネン中尉に割り当てられたものである。彼は67回の出撃で5.5機撃墜（2機はBW-388であげたもの）の戦果をあげた。ブルーステルの背後にはドックの設備が見える。（SA-kuva）

ントゥポフヤから白海近くまで燃料タンクが許す限り哨戒活動を拡大した。こうした作戦で飛行しているとき、2月26日、第3中隊は白海とオネガ湖の間のマーセルカ地峡上空でMiGに遭遇した。BW-366に搭乗した「ヨッペ」・カルフネン大尉は、それらの2機を撃墜した。彼の戦闘報告書を読む。

「捜索作戦中、我々はリーステポフヤ上空2500mの高度で15～17機のMiG-1およびMiG-3と交戦した。最初の戦闘は前線近くで起こった。一方、第二段階はムルマンスク鉄道上のユカおよびノプサ駅上で戦われた。

「私は1機のMiG-1［訳註：1940年初飛行。有名なミコヤンとグレヴィッチのMiG設計局の初作品である。低翼単葉引き込み脚の近代的構造をもち、高空では革新的ともいっていい高速性能を誇った。しかし着陸速度が速く、安定性に欠ける等多くの欠点があったため少数が生産されただけで、改良型のMiG-3にバトンタッチされた。全長8.155m、全幅10.20m、総重量3099kg、最高速度626km/h。エンジン：AM-35A（1350馬力）、武装：7.62mm機関銃2挺、12.7mm機関銃1挺、爆弾200kg］を後ろから撃つと、敵機は2回急旋転した。それからもう1回撃つと、パイロットは戦闘機の機首を少し引き起こし、その後きりもみに入り800m急降下した。私は追跡を止め他のMiGとの戦闘を続けた。MiG-3との短い格闘戦の後、敵機のエンジンにうまく命中弾を与えると、パイロットはプロペラを空転させながら、ノパ駅の北東約4kmに不時着した。

「私は全部で5機の戦闘機を射撃した。MiGは4～6個の飛行集団に分かれていた。これらは2機編隊で飛行し、およそ500m離れて蝟集（いしゅう）していた。我々が最初に彼らを発見したとき、彼らは我々よりかなり上にいた。しかし彼らは自分たちの高度の優位を活用しなかった。

しかし第24戦隊も損害なしでは済まなかった。タウノ・ヘイノラ軍曹は、リーステポフヤ上空でMiG-3に機体を射撃され、1020（10時20分）にBW-359から脱出せざる得なかった。幸いにも彼はフィンランド側前線の1kmほど内側に着地することができた。おそらくこれらのMiGは、実際には第152戦闘機飛行連隊（152.IAP）のハリケーンであったのだろう。

カルフネン大尉は3月9日もこの作戦を繰り返した。このときは彼は8機のブルーステルを率いてセゲシャ方面で「自由な狩り／戦闘哨戒」を実施した。目標地域に行く途中で、爆撃機と戦闘機に出会い、即座に撃ち落とした。ウイク湖の近くで、フィンランド機は第152戦闘機飛行連隊（152.IAP）の6機のハリケーンの迎撃を受け、続く戦闘で3機のソ連機が撃墜されたが、引き換えにパーヴォ・メッリン軍曹が搭乗していたBW-362が失われた。

1942年2月15日、コントゥポフヤの湖岸沿いの散開地域に駐機する、防水布で覆われた、第24戦隊第4中隊の2機のブルーステル。手前のBW-380「黒の1」はリッカ・トッリョネン中尉に割り当てられた機体である。一方BW-378「黒の5」は中隊長の「ペッレ」・ソヴェリウス大尉の乗機である。この写真が撮られた24時間後、ソヴェリウスは空軍司令部に移動となり、トッリョネンが中隊を引き継いだ。(SA-kuva)

彼は5.5機撃墜のエースで、最も重要な5機目の戦果を最近2月26日（BW-362で）にあげたばかりだった。彼は打撃を受けた機体から脱出し、厚い雪の上に着地した。メッリンは一日中へとへとになるまでさまよい歩き、疲れ果ててムルマンスク鉄道の西で意識を失った。この22歳のパイロットには幸運なことに、ロシアの偵察パトロールがフィンランド領内から帰る途中にメッリンを発見し、凍死から救った。彼は最終的にフィンランド・ソ連間で行われた捕虜交換の一環として1944年12月に帰国した。

スール島作戦
Suursaari Operation

スール島はフィンランド湾の中、コトカの南に位置している。島はフィンランド軍の前進に直面して基地から撤退する1941年12月初めまで、ロシア軍が保持していた。しかしその後その戦略的重要性に気づき、1942年1月2日、ソ連が再占領していた。この行動によって、今度は部隊が安全に氷上を前進できるうちに、フィンランド軍が島を取り戻す試みを進めることになった。

それにしたがい、3月27日、3500名の占領部隊が、57機の航空機に支援されて、スール島への前進を開始した。第6飛行団は5機のSB爆撃機と6機のI-153戦闘機（すべて冬戦争か継続戦争で捕獲されたもの）を提供し、第24戦隊は6機のブルーステルを、第30戦隊は16機のD.XXI、第32戦隊は13機のホークそして第42戦隊は11機のブレニムを出動させた。

侵攻のその日、フィンランド軍は防衛部隊の4機の戦闘機を撃墜し、24時間後さらに2回の大規模戦闘が起こった。0800（8時00分）に、オスモ・カウッピネン中尉は6機のブルーステルを指揮して、第71戦闘機飛行連隊（71.IAP）の10機のI-153との戦闘に入り、彼の中隊は順当にその半分の撃墜を報告した。「イッル」・ユーティライネン（BW-364に搭乗）と「ユッシ」・フオタリ軍曹（BW-353に搭乗）は、それぞれ2機ずつを記録した。

島は侵攻開始後、数時間でフィンランド軍部隊に再占領され、午後遅くには地上では即興の勝利パレードが行われた。上空では第32戦隊の12機のホークのパイロットが、第11戦闘機飛行連隊（11.IAP）と第71戦闘機飛行連隊（71.IAP）の29機のソ連軍機を撃墜した。20分間の乱闘の間に、フィンラ

マンネルヘイム十字章

冬戦争の終結後、1940年12月16日、マンネルヘイム十字章の創設を制定する法令が発布された。授章者はマンネルヘイム十字勲章士となった。そして勲章は特別な勇敢さに対して2等級において授与された――戦闘における非常に崇高な業績、あるいは戦闘における卓越した指揮である。授与は授章者の階級には左右されない。

最初の十字章（第2等）は、1941年7月22日に戦闘で戦車部隊を率いたエルンスト・ラガス大佐に授与された。最初の空軍マンネルヘイム十字勲章士（授章番号6）は、第26戦隊のオイヴァ・トゥオミネン准尉であった。彼は1941年8月18日に20機撃墜――このうちの8機が冬戦争のもの――で、勲章を授与された。その後の空軍の授章者は、彼の成績が考慮されることになった。

マンネルヘイム十字章は、イギリスのヴィクトリア勲章かアメリカの議会名誉勲章に比較しうる、フィンランドにおける最高軍事勲章であった。191個が授与されたが、このうち19個が空軍パイロットに与えられたものであった。4名だけが2個授与された――1944年6月28日の戦闘機パイロットのハンス・ウィンド大尉とイルマリ・ユーティライネン准尉、1944年10月16日のアーロ・パヤリ少将とマルッティ・アホ大佐である。

第1等のマンネルヘイム十字章は、たった2回だけ授与された。1941年10月17日のカール・グスタフ・エミール・マンネルヘイムフィンランド軍元帥（授章番号18）と、1944年12月31日のアクセル・ヘインリチ参謀総長である。ヘインリチは第2分類も、早い時期の1942年2月5日に授章している（授章番号48）。

勲章には、また総額5万フィンマルッカも付属する。この額は当時の国防軍だと職業軍人の中尉の年収に相当した。

コントゥポフヤにて、離陸を前に暖機運転をする、第42戦隊第3中隊のBW-362「オレンジの2」。写真の撮影から日ならずして、5.5機撃墜のエース、パーヴォ・メッリン軍曹は1942年3月9日にこの機体で撃墜された。彼は脱出して捕虜となり、1944年のクリスマスまで虜囚のまま留まった。BW-362の一時的な冬季用白の上塗りは、にかわとチョークを混ぜたもので、地上要員それぞれが思いついたままのパターンで上塗りされた。
(R Lampelto)

1942年3月初め、コントゥポフヤの凍った滑走路を通って滑走する用意のため、イルマリ・ユーティライネンがBW-364のスロットルを開く。カメラマンは実際は波止場に立って港を見下ろしているのだ。このブルーステルの白の上塗りを担当した地上要員は、機体の番号と横舵の番号のほとんどと、そして標準迷彩パターンの黒の部分を塗りつぶしている。(R Lampelto)

ンド側は10機のI-153と5機のI-16を損害なしで撃墜した。ソ連側の損失記録は、1機のI-15bis、1機のI-16そして6機のI-153の損害を認めている。

第24戦隊の「イッル」ユーティライネンは、いまや継続戦争中に20機の空中戦果（これに冬戦争中の2機と1機の協同撃墜戦果が加わる）を達成した。彼の戦果は第26戦隊の「エースの中のエース」のオイヴァ・トゥオミネン准尉に比すべきものであった。彼のこの成果は、マンネルヘイム十字章によって報われた（フィンランド国防軍隊員で56番目の授章）彼の部隊では、フィンランドで最高の軍事的栄誉を授与された最初のパイロットとなった。ユーティライネンの勲章は、1942年4月26日に正式に授与された。

彼が勲章を授章する12日前に、ユーティライネンと第3、第4中隊の彼の同僚パイロット——そして第24戦隊司令部——は、オネガ湖の溶けた氷上

を引き払い、カレリアの荒野の真ん中に位置するヒルヴァスの恒久基地に移動した。

■ レンドリース機と戦う
Fighting Lend-lease

1942年2月に、ティークスヤルヴィを基地にしていた第24戦隊第2中隊のブルーステルは、ハリケーンと2回交戦し、両者ともに3機の撃墜を報告した。しかし3月ははるかに静かになった。だが、この時期はまさに「嵐の前の静けさ」であった。ソ連軍高官は、北東部におけるフィンランド空軍の唯一の恒久飛行場を、完全に取り除くことを決意したからである。

この戦役の最初の局面は3月29日にやって来た。7機のハリケーンがティークス湖基地を機銃掃射したのだ。これに応じて、ラウリ・ペクリ中尉（BW-372に搭乗）は、24時間後8機のブルーステルを率いて、セゲへの偵察作戦に出動した。掃討中第152戦闘機飛行連隊（152.IAP）のおよそ12機のハリケーンが当然に舞い上がり、6機が撃墜された。8日後、ソ連空軍はティークス湖に、長らく計画していた空襲を敢行した。26機の編隊（14機の爆撃機と12機の戦闘機）が、目標のほんの手前でフィンランド側の無線諜報によって探知された。彼らの予想位置は、そのとき8機のブルーステル編隊を率いていつものような哨戒飛行を行っていた「ラッセ」・ペクリ中尉に伝達された。フィンランド軍戦闘機は、ロシア機がティークス湖に侵入しつつあるまさにその瞬間に攻撃した。2機のDB-3爆撃機（実際には第80爆撃機飛行連隊（80.BAP）のSB）と12機の（第609および第767戦闘機飛行連隊（609.,767.IAP）ハリケーン）が1525から1550（15時25分から15時50分）の間に撃墜された。フィンランド側に損害はなかった。

1942年3月、ヌルモイラにおけるBW-374「白の4」、第24戦隊第1中隊に配備された機体。長く中隊員であったアイモ・ヴァフヴェライネン上級軍曹が搭乗していた機で、冬の数カ月間を雪に覆われた滑走路により適合させるため、車輪が引き込み式のスキーに変更されている。この改修はごく少数のブルーステルに施されただけで、大多数は年間を通して車輪を保持したままだった。
（E Luukkanen）

1942年4月12日にヌルモイラからの離陸時にこの事故が起こったとき、アイモ・ヴァフヴェライネン上級軍曹がBW-371「白の1」を操縦していた。第24戦隊第1中隊のこの機材は、パイロットが滑走路上で加速したときに、脚が半分溶けた雪の泥沼に沈み、操縦不能になって右にふらつき、それから雪の路肩にぶつかってひっくり返った。アイモ・ヴァフヴェライネンは無傷で脱出し、BW-371も修理のため国営飛行機製作所に積み出された。本機は調整後のチェック飛行のとき再び損傷し、1943年2月13日まで第24戦隊には戻ってこなかった。

ペクリ中尉（BW-372に搭乗）とニッシネン少尉（BW-384に搭乗）の両者は3機の撃墜を報告し、一方「レッケリ」・キンヌネン曹長（BW-352で飛行）は2機を撃墜し、彼の戦果を16機とした。キンヌネンの戦闘報告書は物語る。「私は上部の編隊で飛行し、2番目のペアを率いていた。我々は7機の爆撃機と18機の戦闘機からなる敵編隊と交戦していた。私はSBの後方を飛んでいた6機のハリケーンの編隊を攻撃した。そして本当の格闘戦が始まった。この短い交戦の間、私は何機かの戦闘機を射撃した。そしてそれらの1機は厚い雲の帯を曳いて落下していき、半転して垂直になり森の中に墜落した。

　「それから私は2機目のハリケーンの後を追いかけ、射撃の前にその後尾100m以内に近づいた。距離を50m以下にまで減らしてから、私が再び射撃すると敵機は煙を出し始め、胴体下部が火に包まれた。ハリケーンは浅い降下に入り、最後は小さな森の中に墜落し完全に破壊された」

　ソ連の公式な損害は、合計して第80爆撃機飛行連隊（80.BAP）のSBが1機、第609戦闘機飛行連隊（609.IAP）のハリケーンが2機、そしてさらに第767戦闘機飛行連隊（767.IAP）から4機である。逆にソ連側は4機の航空機を地上で、7機のブルーステルを空中で破壊したと主張している。実際にはたった1機のモデル239（BW-394）が、SBからの反撃で損害を受けただけだった。パイロットのラッセ・キルピネン中尉はふくらはぎに重傷を負ったにもかかわらず、ツポレフを撃ち続けた。

　この襲撃の貧弱な戦果の後、ソ連空軍は6月8日まで現れなかった。この日ペクリ中尉の率いる6機のブルーステルはケサを基地とする第152戦闘機飛行連隊（152.IAP）の13機のハリケーンと交戦した。5機のソ連戦闘機が撃墜され、このときはモデル239も1機失われた。

　ウオレヴィ・アルヴェサロ中尉のBW-394は乱戦中に被弾、リカ湖までよろめいて戻り、教科書通りの不時着をした。彼は負傷を負わずに脱出した。ウオレヴィ・アルヴェサロが残骸となったブルーステルから歩きだしたのは二度目であった。というのも彼は1月29日にBW-389の射撃試験のとき、450km/hで緩急降下しながら氷に突っ込んだのである。驚いたことに彼はばらばらになった機体の残骸から、ほんのかすり傷を負っただけで現れたのだった！

　ラウリ・ニッシネン少尉もまた、6月8日の戦闘中、BW-384に搭乗して、

1942年初め、第24戦隊第2中隊のティークス湖基地にて、数少ないスキー装備モデル239の別の機体、BW-358「白の1」が、離陸に備えてエンジンを暖気している。本機は白海岸、ソロッカ（ベロモルスク）の近くで、1942年1月24日、第152戦闘機飛行連隊（152.IAP）のハリケーンに撃墜された。ブルーステルのパイロット、エイノ・ミィッリィマキ軍曹は戦闘中行方不明とされた。

1942年4月初め、ティークス湖にて、「ヘンミ」・ランピ上級軍曹が、彼の整備兵によって行われた作業の検査をしている。第24戦隊第2戦隊のパイロットは、1941年6月25日に、SB-2bis爆撃機を2機撃墜および1機を協同撃墜し、まさにこの機体で継続戦争の最初の戦果をあげた。戦闘機の尾翼に描かれた下の2つの撃墜マークは、ランピが1942年3月30日にBW-354で2機のハリケーンを撃墜したことを示している。ヘイモ・ランピは後に少尉に昇進し、13.5機撃墜で戦争を終えた。パイロットと異なり、BW-354は戦争を生き残ることはできず、1943年4月21日、赤旗勲章受章バルト海艦隊第4親衛戦闘機連隊（4.GIAP,KBF）のLa-5に、オラニエンバウム上空で撃墜された。タウノ・ヘイノネン上級軍曹は戦死した。
（K Temmes）

1機の撃墜を報告した。これで彼の戦果は20機に達し、1942年6月5日に第24戦隊で2番目となるマンネルヘイム十字章を得た。フィンランド軍最高の軍事的栄誉の69番目の授章者となり、予備役軍人のニッシネンは、彼が正規士官となるべく訓練のため、空軍士官学校への入学を許されたすぐ後に授章を知らされた。

　6月25日、ティークス湖戦役での最後の大規模戦闘が、セース湖の北東で生起した。このとき第24戦隊第2、第3中隊の両者の集団は、第609戦闘機飛行連隊（609.IAP）のハリケーンと15分間の戦闘を行った。第3中隊は損害なしに4機のハリケーンの撃墜を報告した。一方、第2中隊は3機を撃墜したが、2機のブルーステルをも失った。ラウリ・ペクネン中尉は、彼の燃えるBW-372を敵戦線後方の荒野の中の小さな湖に不時着水させ、20kmを歩いてフィンランド側領域に戻った。カレヴィ・アンッティラ軍曹（BW-381に搭乗）も同じ地域に不時着した。第24戦隊第2中隊の同僚パイロットのユルヨ・トゥルッカ准尉は説明している。

「その日は暑く晴れた日だった。アンッティラは緊急発進した編隊にいた。警報のサイレンが鳴ったとき、パイロットは飛行服を脱いで彼らの戦闘機の脇に置いて、海水パンツだけでひなたぼっこをしていた。

「『警報、警報、ルカ湖に近づく戦闘機を発見』。

「空軍の規則ではパイロットはいかなる作戦中も適切な飛行装備を身につけていなければならないと定めているが、アンッティラはこの場合飛行服を着けずに離陸することができると考えた。というのも彼は戦闘はティークス湖の上空で起こると考えたからである。それゆえ彼はホルスターに入った拳銃だけをひっつかみ首にかけると、それから彼のブルーステル戦闘機の暑いコクピットによじ登った。

「探知されたことに気づくと、敵戦闘機は東に引き返した。それで編隊を指揮するペクリ中尉は中隊に典型的な偵察隊形で彼らの後を追跡するよう命じた。追跡はソ連空軍の主基地であるセゲシャまで続いた。そこでまったく突

1942年2月半ば、ティークス湖で雨風を防ぐため覆いを被せられたBW-384「オレンジの3」。この機体は第24戦隊のトップスコアパイロットのひとり、ラウリ・ニッシネン曹長が搭乗していた機体である。1942年1月28日にパイロットとともに第2中隊に移管されたものの、機体には春真っ盛りになるまで第3中隊の塗装が残されていた。BW-384は、ティークス湖において戦隊の山猫のマークがない少数の機体の1機である。

1942年2月終わり、BW-384の尾翼に腰を降ろした「ラプラ」・ニッシネン。機体の尾翼には戦争でこの時点までに達成された、継続戦争中の戦果のすべてをシルエットで示しているが、エースの冬戦争中の戦果4機は記されていない。1942年6月8日、ニッシネンは20機目の機体を撃墜（そのうち12.5機はBW-384で撃墜）し、これにより1942年7月5日、彼は順当にマンネルヘイム十字章を授章した。

然に、ブルーステルはハリケーンの迎撃を受けた。アンッティラの機体はすぐにエンジンに命中弾を受け、それによりエンジンは停止した。

「彼はいまや選択の重荷を負わされた。彼は眼下を走っているムルマンスク鉄道線路の脇に着陸することはできなかった。というのは彼の機体はほとんど確実に火に包まれるであろうから。彼は落下傘降下することもできなかった。というのも深い森の中に裸足でそして海水パンツを着けただけで降りたら、切り傷、擦り傷を負う結果となるからだ。そのとき彼は小さな沼を発見し、すぐに機体を水際に沿って不時着水させると、翼を小さな松の木にぶつけて故意に切断し滑って停止させた。

「アンッティラは着水ではまったく怪我を負わなかった。そして機体を離れる前に彼は拳銃の銃把で計器と無線機を破壊した。パラシュートと地図を腕

の下に挟み込み、味方の領域の方向に走り始めた。彼はすぐに小さな流れを越え、何回か円を描いて進んだ。これは犬を伴い彼を探そうとするロシア軍捜索隊からにおいを振り切ることを期待したものであった。アンッティラは上流に向かって進み、水の中を一時間進んで休息をとると、彼の苦境を検討した。

「彼は自分がリントゥ湖の北にいることを知っていた。フィンランド軍前線からは少なくとも60kmの距離がある。そして彼と安全地帯の間は沼と厚い森に覆われていた。これらすべての障害物を回避するのにどれぐらいかかるかは不確かであった。アンッティラは少なくとも離陸前に彼の拳銃をわざわざひっつかんだことに感謝した。というのもそのホルスターにはコンパスが入っていたからである。彼は出血する裸足と、彼の周りにたかる数千匹の蚊を見下ろして、近くのムルマンスク鉄道線に降伏のため戻ろうかと少し考えた。しかしその後すぐにこうした考えを彼の脳裏から消し去った。

「代わりにアンッティラは、誰かが彼を追跡していないか見るために近くの丘に登った。そしてオンタ湖のフィンランド軍前線の方向に針路を取った。彼は蚊の大群と急激に下がった気温のせいで一晩中眠ることができなかった。それで彼は暖まるために歩き続けた。朝、太陽が彼を暖め始めると、彼は倒れた木の上に座って休息を取った。しかし群がる蚊のおかげで眠ることはできなかった。それで彼は無理をして沼に向かった。その周りの苔が乾いているように思えたので、アンッティラは穴を掘りその中に入って、さらに上から乾いた苔をかけた。彼は拳銃を手に持って眠り込んだ。

「翌晩、彼は沼を横切って旅を続けた。彼はしばしば腰の深さまである水の中に沈み、足を抜き出すのに多くの体力を費やした。翌朝にはこの努力で疲れ果てて、何も食べていないこともあったが、アンッティラは苔の中に再び穴を掘るのを止めることにした。彼はこのまま眠りに陥ったら、目が覚めないことを恐れたのであった。

「まだ次の沼の縁に達しないうちに、彼は少し離れたところに何かを見た。

1942年1月24日、第24戦隊第2中隊のパーヴォ・コスケラ軍曹が撮影した、BW-372の主翼内桁。同機は第65突撃飛行連隊（65.ShAP）のI-153に激突し、そのパイロットのV・A・クニジュニク軍曹に不時着を強いた。その間にコスケラは、彼の操縦困難なBW-372をなだめすかしてティークス湖に戻り、着陸すると疲れ果ててくずおれた。両者ともに空中戦果を報告したが、この写真は明らかにフィンランド側だけが、1機の撃墜戦果を記録してよいことを証明している。BW-372は修理されて、1942年6月25日にセース湖の近くで、第609戦闘機飛行連隊（609.IAP）のハリケーンとの戦闘によって損傷を負うまで前線に留まった。そのパイロットのラウリ・ペクリ中尉は燃える機体を、敵戦線後方の小さな湖に不時着水せざるをえなかった。ブルーステルは失われたものの、18.5機撃墜のエースは、なんとかフィンランド側領域に戻った。ペクリはこの機体で、3月30日から6月25日の間に、BW-372の不時着水に先立つ数分前に撃墜した2機のハリケーンを含めて、7機の戦果を報告している。

疲れで彼の視野はぼんやりしていたので、目標が何であるかを識別するのが困難だった——それは狼か、それとも追跡者か？ ここですべてが終わろうとしているのか？ 違う、あれは人間ではない。狼でもない。彼は拳銃を引き抜くと近づき始めた。それは若いヘラジカで、彼を見つめていた。彼は近くに寄ったが、ヘラジカはただ彼を見つめていただけだった。彼は10mの距離で撃とうとしたが、彼の手は激しく震えたため、彼はもっと近づかねばならなかった。彼は2mの距離から拳銃を撃ち、弾はヘラジカの体に当たった。傷ついた喉の穴から血が泡立って噴き出し始めた。

「ヘラジカの犠牲を目のあたりにして、彼は意を決してヘラジカから血を吸い込んだ。彼の胃はこのようなものへの準備ができていなかった。このためなんとしても吐き出さないようにした。すぐに飢えと生きようとする意思が取って代わり、彼は血を吸い続けた。血を注入したおかげで彼の精力は回復し、彼は西への脱出を続けた。その夕方、アンッティラはパーテナとルカ湖の間を走る道路に達した。そこで彼は最終的に近づいてくる車に手を振って止めたが、彼はほとんど死人同然だった——彼の外見は血と泥にまみれた裸の野蛮人のようだった。

「我々の基地の電話が鳴り、そして告げた。信じられないことに、死んだ男、『軍曹』アンッティラが帰って来たのだ」

戦闘6カ月で、増強第2中隊のブルーステルのパイロットは、45機のハリケーンの撃墜を報告した。当時のソ連空軍戦闘機飛行連隊（IAP）の平均的

元イギリス空軍（以前は第401「カナダ」戦隊で使用されていた）のハリケーンIIB Z3577は、1942年4月6日、ティースク湖の近くで撃墜された。このとき第24戦隊第2中隊の8機のブルーステルは、14機の爆撃機と18機の戦闘機を攻撃した。フィンランド側は12機のハリケーンの撃墜を報告したが、ソ連側の第609および第767戦闘機飛行連隊（609.,767.IAP）もこの戦闘中に失われた機体と認めている。この機体は対空砲とブルーステルの機関銃の双方による損害を示している。（SAkuva）

1942年4月、インモラで撮影された第24戦隊第4中隊のかなりくたびれた機体、BW-386「黒の3」。緊要とされていたオーバーホールを前にした写真である。この機体は継続戦争のほとんどの期間、サカリ・イコネン曹長に割り当てられていた機体である。エースは彼の6番目、最後の戦果を、1942年11月22日にBW-386で記録した（彼はまたこの機体で、1941年に他の2機の戦果を加えた）。「エースとなった」少し後、204回出撃のベテランのイコネン——彼は冬戦争でも戦った——は、空軍戦闘機学校の教官に任命された。第4中隊の「オスプレイ」[訳註：ミサゴ。魚を主食とする猛禽] のエンブレムが、BW-386の尾翼にはっきり見えるが、このマーキングはモデル239にはほとんど見られないものである。実際、1943年2月15日の第24戦隊第4中隊の廃止にともない消滅している。(E Laino)

戦力が可動15〜20機であったことを考慮すれば、ありうる数字である。彼らの任務は達成され、第24戦隊第2中隊のティースク湖からの行動は1942年11月までほとんど見られなくなった。

再編成
Reorganisation

これら6月の最後の交戦は、ソ連との戦線に沿った6カ月間の比較的平穏な時期の訪れの前触れであった。この平穏はフィンランド空軍幹部による戦闘機戦隊の大規模な再編成計画の実行を可能とした。変更は国内の地域防衛システムの改善を目的として行われた。しかし「野戦」の飛行団の指揮官は、新しい戦略は彼らの部隊の戦闘における柔軟性を失わせるものと考えた——彼らの主たる優位は、当時としてはフィンランド空軍戦闘機パイロットが非常に効率的に展開したからであった。

それにもかかわらず、1942年5月3日、前線は3つの地区に分割された。

1942年4月26日——これはマンネルヘイム十字章が彼に授与されたまさにその日である——ヒルヴァスにて、BW-364の前で、イルマリ・ユーティライネン准尉が、マンネルヘイム十字章を胸（彼の左の胸ポケット）に止めてポーズをとる。彼はフィンランドで最高の軍事的栄誉を送られた、第24戦隊最初のパイロットであり、彼は継続戦争での20機の戦果——このうち16機はBW-364に搭乗中のもの——によって授与された。(R Lampelto)

そして1個飛行団がその特定の地区内の空域の防衛を担当する任務を与えられた。オネガ湖地区は、第16、第24、第28戦隊から成る第2飛行団、オロネツ地区は、第12、第32戦隊から成る第1飛行団、カレリア地峡は第26、第30戦隊を統制する第3飛行団が担当した。北翼は第14戦隊が、一方南では第6戦隊がフィンランド湾を担当した。爆撃機飛行団である第4飛行団は、そのとき最も必要な地区に移動させられた。

この再編成の結果として、第24戦隊のヌルモイラ基地の第1中隊は、5月31日にヒルヴァスで部隊の残りと合流した。そして10日後、彼らは今度はカレリア地峡のスーラ湖に移動した。ここでは戦隊は直接、第3飛行団司令部、エイナリ・ヌオティオ中佐の指揮下に置かれた。

1942年6月18日、新しいシステムにはさらに調整が加えられ、第24戦隊の残余も第3飛行団に移行された。11月16日にさらなる変更が行われ、第6、第30戦隊によって海上哨戒のための第5飛行団が編成された。そして最終的に1943年1月23日に、第3飛行団向けに第34戦隊として新しい戦闘機部隊が編成された。

フィンランド湾
Gulf of Finland

1942年5月、フィンランド湾の氷が溶けたとき、赤旗勲章受章バルト海艦隊は、レニングラード外縁のクロンシュタットのその巨大な海軍(そして空軍)基地から、潜水艦を沿岸航路に送り始めた。彼らの艦船は前の秋に港へ後退し、春の雪解けとともに彼らの唯一の目的、バルト海のドイツとフィンランドの通商航路を妨害することを開始した。初夏にはまた赤旗勲章受章バルト海艦隊航空隊は、この地域での海軍の活動——とくに潜水艦の、フィンラン

1942年5月、ヒルヴァスの第24戦隊第3中隊の防風柵で、「イッル・ユーティライネン」が、BW-364のライト・サイクロンエンジンを暖気している。20機の戦果を示す尾翼の棒の最後の2機は、1942年3月28日にフィンランド湾でのスール島侵攻作戦中にペアの「チャイカ」(赤旗勲章受章バルト海艦隊第71戦闘機連隊(71.IAP, KBF)機)を撃墜したものである。ユーティライネンは11月の終わりまでに、この機体(およびBW-368とBW-351で1機ずつ撃墜)でさらに12機の撃墜戦果を記録した。

1942年6月、オントラにて、整備用ハンガーの天井から吊るされた第24戦隊第2中隊のBW-387。公式の空軍および陸軍識別マニュアル用の一連の識別写真の撮影ができるよう吊り上げられたもの。翼下面に機体シリアルが繰り返されているのは、冬戦争中にスウェーデンで組み立てられたブルーステルの特徴である。(Finnish Air Force)

ド湾東部にあるクロンシュタットへの入出港──を掩護するため、その規模を増大させた。

　この増大する航空活動に対抗するため、1942年6月18日に第24戦隊は、一時的に第3飛行団に配置替えされた。当時部隊の戦力は運用可能なブルーステル27機で、7機はまだ第2中隊でティークス湖から北部地区を防衛していた。第3飛行団は、8月1日、カレリア地峡のリョンピョッティ空軍基地に戦隊司令部と第3、第4中隊を迎えた。第1中隊は1週間後に飛来した。彼らの任務は敵航空機の、湾西側上空の飛行を阻止することであった。しかしロシア機はオラニエンバウム(レニングラードの西35km)の周辺の対空砲の防護下で飛ぶことを選んだ。いまやソ連機はブルーステルの行動範囲外を飛んでいたため、いかなる大規模戦闘も生じなかった。

　それにもかかわらず、何回かの交戦が生起した。これらのうちの最初のものは、8月6日、セイスカリの近くで起こった戦闘で、第24戦隊第1中隊が2機のI-16を撃墜した。6日後、第4中隊はトッリ灯台の上空で、1機のIl-2 [訳註：1940年初飛行。ドイツ軍のシュトゥーカに匹敵する有名な地上攻撃機で、ドイツ軍から黒死病などと恐れられた。エンジン、コクピット回りを堅牢な装甲板で囲み、空飛ぶ戦車といわれた極めて頑丈な機体が特徴であった。全長11.6m、全幅14.6m、総重量5788kg、最高速度426km/h。エンジン：

1942年5月、ティークス湖にて、第24戦隊第2中隊に配備された、BW-387「黒の8」。アールノ・コルフネン上級軍曹がこの機体を使用し、この期間に彼の4機の全戦果をあげた。このパイロットはまさにエースとなる前に、海上哨戒戦隊に赴任して部隊から去った。機体には第4中隊を表す白の横舵に黒の番号の目立つ塗装が施されている。しかし第2中隊のヘラジカのエンブレムも尾翼上に確認することができる。(Finnish Air Force)

1942年5月にヴェシヴェフマーを訪れたときに撮影された、第24戦隊第4中隊の使い込まれたブルーステルBW-378「黒の5」。この機体をいつも操縦していたソヴェリウス大尉（彼はこの機体で7機の戦果をあげた）は、1942年2月16日に空軍司令部に移動し、機体はハンス・ウィンド（彼はBW-378でなんとか2機の協同撃墜戦果をあげただけだった）に割り当てられた。8月、機体はアールノ・ライティオ少尉に引き渡され、彼はこの月にクロンシュタット上空で、赤旗勲章受章バルト海艦隊第71戦闘機飛行連隊（71.IAP,KBF）のI-16との戦闘で撃墜され戦死した。(O Riekki)

AM-38（1550馬力）、武装：7.62mm機関銃2挺、20mm機関砲2挺、爆弾400kg。乗員2名］と1機のI-16を撃墜した。

当時の敵航空部隊の活動に関する第24戦隊への情報のほとんどは、イノの前進対空監視哨から得られた。イノからは晴れた日なら、クロンシュタットとオラニエンバウムでの、ソ連機の離陸と着陸を実際に観測することができたのである！　監視哨には通常部隊から1名のパイロット（士官）が配員され、彼は無線機を通じて緊急発進したブルーステルを彼らの目標に誘導することができた。航空活動の発達した警報システムを装備したおかげで、第24戦隊は、ブルーステルをソ連航空機の帰還を待って空中に送る、新しい戦術を運用し始めた。敵機はエストニアのドイツ軍にたいする作戦を終えた後で、燃料も弾薬も乏しかった。

これらの出撃はすぐに実用的なことがあきらかになった。というのも8月14日、2つの異なる作戦で飛んだフィンランド軍パイロットが、9機のハリケーンを撃墜したと報告したのだ。48時間後、第3中隊は敵機の巨大な編隊と交戦した。中隊長の「ヨッペ」・カルフネン大尉（BW-388に搭乗）は、攻撃を指揮した。交戦は1745（17時45分）に生起した。

「私は迎撃作戦のため、6機のブルーステル編隊を率いた。セイスカリの南で、私は8機のSB、3機のMiGおよび16機のI-16からなる敵編隊を発見した。敵機は200mの高度で飛行していた。我々は護衛の戦闘機を攻撃した。I-16は戦うことを選び、一方、他は逃走した。最初の急降下で私は編隊の一番左のI-16を射撃すると、敵機は海に突っ込んだ。私の2番目の獲物のI-16は、火に包まれて海に墜落した。3機目のI-16は、私が何連射か命中弾を与えたとき、すでに他のブルーステルによって発火していた。その後敵機は引き起こし、再び撃たれて、翼から先に海に墜落した。私は12回攻撃した。

「護衛機はSBと同じ高度を飛んでいた。I-16のパイロットは勇敢に戦ったが、彼らは数的優位を利用して、爆撃機の側面から上昇して我々を上空から攻撃することをしなかった。戦闘機は機関砲、機関銃およびロケット弾を装備していた」

ブルーステルのパイロットは、赤旗勲章受章バルト海艦隊第4親衛戦闘

機飛行連隊（4.GIAP,KBF）の16機のI-16を撃墜した一方、交戦した「MiG」は実際には赤旗勲章受章バルト海艦隊第57飛行連隊（57.AP,KBF）のIl-2であった。

8月18日、夏の最大の戦闘が発生した。このときティタル島の近くで東に向かう「10」機のI-16が発見されたという情報が得られた。ハンス・ウィンド中尉は2000（20時00分）に8機のブルーステルで緊急発進し、セイスカリに飛んでロシア空軍機の到着を待った。しかし敵を発見すると、それはほとんど60機にも達する編隊であることがわかった。このためカルフネン大尉とルンメ中尉は、さらに支援を与えるため彼らの編隊を率いてすぐに飛び立った。

数の差に臆する事なく、16機のブルーステルのパイロットは赤旗勲章受章艦隊編隊に急降下した。エイノ・ユーティライネンは、彼の忠実なBW-364（彼はこの機体で過去5日間に3機の撃墜を報告）を操縦した。

「我々はセイスカリの東で、大規模な交戦が発生したという、半狂乱のメッセージを受け取った。このため私の中隊は4機で緊急発進し、カレイヴィンラハティの方向に向かった。そこで我々はすぐに多数の敵機が一握りのブルーステルと戦っているのを見つけた。私は乱戦に加わって数分うちにすぐ1機のI-16を撃墜し、敵機は我々の下の水面を航行している小艇のすぐ隣の海に墜落した。

「私が射撃した2機目のI-16は、正面攻撃で命中弾を与えたものであった。敵機は傾いて垂直に、クロンシュタットの南東の海へ突っ込んだ。私の3機目、そして最後の戦果は、火に包まれて撃墜2機目のおよそ500mほど南の海中に墜落した。

「私は我々が交戦した敵機の最終的な数を確定することができなかった。そこにはそれほど多数の敵機がいた。

1942年6月、スーラ湖にて、出撃間に羽を休める第24戦隊第1中隊のブルーステル。カメラに近い方の機体は、エイノ・ルーッカネンに新しい乗機として割り当てられたBW-393「白の7」（BW-375に代わった）、そしてその隣は部下のエース、ヴェイッコ・リンミネン准尉のBW-382「白の9」である。リンミネンは1942年9月15日に教官となり、第24戦隊を離れた。そのときまでに190回の出撃を行い、5.5機の撃墜を報告し、そのうち3機がBW-382であげたものであった。（V Lakio）

1942年8月、陽光の射すリョンピョッティの野外に駐機した第24戦隊第1中隊の5機のブルーステル。BW-393「白の7」は、タンペレで大規模修理を終え――それゆえ新らたしい迷彩スキムとなっている――中隊に戻された後、1942年6月1日に中隊長の「エイッカ」・ルーッカネン大尉に割り当てられた。彼の前の乗機、BW-375「白の5」はBW-393のすぐ後ろに見える。ルーッカネンは部隊ないし個人エンブレムを乗機に描くことを好まなかった。そのことが、写真の中のブルーステルで「白の7」だけに唯一第24戦隊の目立つ山猫のマーキングがない理由を物語っている。(V Lakio)

「戦闘の間中、我々の下にいた14〜15隻のソ連の警備艇の船上、トッリ灯台そしてクロンシュタットおよびオラニエンバウムを取り巻く対空砲台の射手は、我々に撃ちかけて来た」

完全に数で圧倒されていたにもかかわらず、第24戦隊はたった1機の損害を被っただけだった――アールノ・ライティオ少尉（BW-378に搭乗）は、赤旗勲章受章バルト海艦隊第71戦闘機飛行連隊（71.IAP,KBF）のI-16に撃墜され戦死した。代わりにフィンランド軍パイロットは、2機のPe-2、1機のハリケーンそして13機のI-16を撃墜したと報告した。ユーティライネンの3機撃墜に加えて、「ハッセ」・ウィンド中尉（BW-393に搭乗）と「ヨッペ」・カルフネン大尉（BW-388に搭乗）もまた3機を撃墜した。ソ連は少なくとも赤旗勲章受章バルト海艦隊第21戦闘機飛行連隊（21.IAP,KBF）の1機のYak-1と1機のLaGG-3、そして赤旗勲章受章バルト海艦隊第71戦闘機飛行連隊（71.IAP,KBF）の2機のI-16の喪失を公式に報告している。

第24戦隊パイロットの多くは、いまや戦闘の2年目に入っており、ブルーステルを丸1年戦闘で飛ばしていた。多数のエースがその戦果を倍増させていた。技量未熟なソ連の敵手は、この時期の第24戦隊にとってほとんど銃の的以上のものではなかった。1週間のうちにソ連空軍は39機の航空機を失った。

1942年10月、リョンピョッティから作戦のため離陸準備する第24戦隊第1中隊のブルーステル。カメラに近い機体はBW-373「白の3」は、タウノ・ヘイノネン上級軍曹に割り当てられた機体である。このパノラマに見られる他の機体は、BW-375、BW-393そしてBW-382である。第24戦隊の4個の中隊のうちの3つが、1942年8月14日から20日の間のフィンランド湾東部上空の大規模空戦中に、リョンピョッティから作戦した。この6日間に部隊は、1名のパイロットの損失と引き換えに39機の敵機の撃墜を報告している。(SA-kuva)

8月の最後の週にはこの損害を補填せざるをえなくて、31日まで前線上空で冒険に乗り出すソ連空軍部隊はなかった。この日「エイッカ」・ルーッカネンの中隊は、ラヴァンサーリの近くで8機の「チャイカ」と交戦した。これらのうちの4機が海の中に撃墜された。

　8月の間、第24戦隊は赤旗勲章受章バルト海艦隊航空隊から、50機の航空機の撃墜を記録した。この戦果の半分が、ヨルマ・カルフネン大尉の第3中隊の銃火の餌食となった。彼の個人戦果はついに20機（これに冬戦争の5機が加わる）に達した。そして彼は1942年9月8日に、マンネルヘイム十字章（92番目）を受章した。彼は彼の部隊内部でフィンランド軍最高の勲章を授与された3番目のパイロットとなった。

　9月初め、ロシア軍航空活動の焦点は、白海の南のマーセルカ地峡に移動した。この地区の防衛は貧弱であった。第2飛行団はMS.406を装備した第28戦隊を配備しているだけだった。この部隊のその極めて旧式なフランス製戦闘機では、部隊と装備への機銃掃射を防ぐことは不可能なことはすぐ明らかになった。それで9月15日に、ルーッカネン分遣隊の10機のブルーステルがヒルヴァスに移動した。地峡上空へのモデル239の出現は、望ましい効果を発揮した。というのはロシア軍は彼らの攻撃を停止したのである。ブルーステルは月の終わりにリョンピョッティに帰還した。

　分遣隊の唯一の戦闘は、9月20日に発生した。カルフネン編隊が、ペニン島近くで東に向いて10機の戦闘機と交戦していた。上空掩護を与えるため2機のブルーステルが敵編隊上空に留まり、残りのペアは「スピットファイア」［訳註：1936年初飛行。ハリケーンと並ぶ、第二次世界大戦中のイギリス空軍の主力戦闘機。高速レーサー機から発展した低翼単葉引き込み脚の近代的戦闘機で、さらにハリケーンと異なり全金属製モノコックの近代的構造を有していた。全長9.12m、全幅11.23m、総重量2651kg、最高速度557km/h、エンジン：ロールス・ロイス・マーリンⅢ（1030馬力）、武装：7.7mm機関銃8挺］と交戦しすぐにその2機を撃墜した――彼らの敵は実際には

1942年8月7日、ヒルヴァスを訪れたときに見られた、第24戦隊第2中隊のBW-352「白の2」。尾翼には戦争のこの時期までの、エーロ・キンヌネン曹長の継続戦争における12.5機の戦果のシルエットが誇らしげに描かれている。このうち1機を除くすべてがこの機体で記録された。機体にはまた第2中隊の「放屁するヘラジカ」も、尾翼前縁のすぐ後ろに自慢げにかかげられている。このマークはウォルト・ディズニー・プロダクションのキャラクター、ハイアワサに着想を得たものである。キンヌネンは1943年4月21日、この機体で対空砲によって撃墜され戦死した。このときまでに彼の戦果を22.5機に増加させた（15機がBW-352で撃墜された）。第2中隊のユニークな「放屁するヘラジカ」のマークに戻ると、これは1942年1月初め、ティークス湖の荒野への配備に続いて制定された。黒で描かれたこの小さなマークは、1942年5月から1943年2月15日に、第24戦隊第2中隊が第4中隊に吸収されて再編成されるまでずっと、中隊のブルーステルのほとんどの尾翼に飾られた。中隊の地上要員はティークス湖を訪れた機体に、「放屁するヘラジカ」のマークを「さっと」描くのを非常に楽しんでいる。プレミム、ドルニエDo-17［訳註：ドイツから継続戦争中に15機が供与された。1934年初飛行。もともとはルフトハンザ向けの民間輸送機として開発された機体だが、高速性に注目した空軍によって双発爆撃機として転用された。細長い鉛筆状の胴体が特徴である。全長15.80m、全幅18.00m、総重量8600kg、最高速度410km/h。エンジン：BMWブラモ323P-1（1000馬力）2基、武装：7.92mm機関銃6～8挺、爆弾1000kg。乗員4名］、そしてイリューシンDB-3にまでこのエンブレムが描かれたことが知られている。

赤旗勲章受章バルト海艦隊第21戦闘機飛行連隊（21.IAP,KBF）のYak-7［訳註：1941年初飛行。有名なヤコヴレフ設計局の近代的戦闘機、Yak-1（後述）の改良型で、本来は複座の練習機として開発された。しかし予定した以上の高性能機となり、また、前線では何より実用機が必要とされている事情もあって、増大した搭載量を生かして主に戦闘爆撃機として使用された。全長8.5m、全幅9.74m、総重量2935kg、最高速度571km/h。エンジン：M-105PA（1100馬力）、武装：7.62mm機関銃2挺、20mm機関砲1挺、爆弾200kg］であった。

　第24戦隊によってもたらされた2カ月間の深刻な損害の傷が癒えたソ連軍は、10月25日までには前線上空に彼らがいないことに気づいた。この日、4機のハリケーンがトッリ灯台の近くで第1中隊と交戦し、フィンランド側はそれらすべてを撃墜して最近の活動不足を補った。翌日、ちょうど昼前、カルフネン大尉の中隊は、オラニエンバウムに近い海岸で9機の戦闘機に護衛された2機のIl-4（元のDB-3F）［訳註：1940年初飛行。DB-3の改良型で当初DB-3M、そしてDB-3F、最終的にIl-4と命名された。外形的には航法手席周りが異なる以外DB-3に似ているが、構造の近代化と単純化による生産効率の向上が図られていた。頑丈で信頼性が高く、ソ連軍初のベルリン爆撃を敢行したことでも知られる。全長14.76m、全幅21.44m、総重量10055kg、最高速度404km/h。エンジン：M-88B（1100馬力）2基、武装：7.62mm機関銃2挺、12.7mm機関銃1挺、爆弾2500kg。乗員4名］の迎撃に舞い上がった。エーロ・キンヌネン曹長（BW-351に搭乗）は2機のイリューシンをすばやく撃墜し、残りのブルーステルは飛行している編隊から2機の戦闘機の撃墜を報告した。30分後、ハンス・ウィンド中尉は4機のブルーステルで同じ地域に出撃し、15機の「ラタ」を発見しそのうち4機をたちまち撃ち落とした。

　10月30日、エイノ・ルーッカネン大尉は、彼の編隊とともにオラニエンバウムに戻った。そこで彼らは1機のPe-2と2機の護衛の「スピットファイア」（おそらくYak-1）［訳註：1940年初飛行。有名なヤコブレフのYak設計局の最初の戦闘機。軽量、小型、低空性能に優れた、当時のソ連空軍戦闘機として最優秀の機体であった。戦略物資の節約のため木製外板が使用されていた。全長8.47m、全幅9.74m、総重量2884kg、最高速度592km/h。エン

1942年6月、ティークス湖にて、BW-352の尾翼に寄りかかる「レッケリ」・キンヌネン曹長。この写真は第2中隊での彼の最後の戦果（ハリケーン）を記録したときに撮られたものである。これはこの月の8日に記録した。彼が8月31日に次の戦果をあげるまでに、キンヌネンは第24戦隊第1中隊に移動した。1942年12月1日、彼はちょうど24歳で空軍で一番若い准尉になった。

1942年8月、リョンペヨッティにて、出撃の間に陽光を浴びる第24戦隊第4中隊のBW-370「黒の4」。この完全な状態に見える機体は通常、中隊副官のアウリス・ルンメ少尉が飛ばしていた機体である。彼は287回の出撃中に、16.5（4.5機はBW-370）の戦果を記録した。第24戦隊第4中隊に配備された機体には、当初は尾翼に戦隊のミサゴのマークだけが描かれていたが、その後ほとんどのブルーステルには、胴体前部に戦隊の山猫のモチーフも飾られた。ミサゴは1942年4月終わりに初めて、モデル239の尾翼に見られるようになり、他の機体にも年が進むにつれ同様に描かれた。この記章は中隊がカレリアの荒野の真ん中のヒルヴァス──ミサゴを含む猛禽類が豊富に生息する地域──に配置されたことによって選ばれたものだ。

1942年8月、リョンペヨッティにて、BW-370の前でポーズをとったエリク・リリ軍曹。リリは1942年1月19日から第3中隊の隊員で、1942年7〜8月に第24戦隊第1中隊のBW-374（第3中隊に貸し出されたもの。52頁の写真を参照）を飛ばして、彼のブルーステルによる2機の戦果をあげた。1943年3月8日、彼は第34戦隊に赴任し、そこでMe109Gでさらに6機の戦果を記録している。リリは戦争終結までに、188回の出撃を行った。

継続戦争中第24戦隊に配備されている中隊の「連絡機」中でもベテランの、デ・ハヴィランド DH60Xモス MO-103 [訳註：フィンランド国内でライセンス生産され、空軍には18機が引き渡された。1925年初飛行。木製複葉の初等練習機で、イギリスだけでなく世界中に輸出されたが、発展型のタイガーモスの方が有名かもしれない。全長7.3m、全幅9.15m、総重量793kg、最高速度120km/h。エンジン：シールス・ハーメル（115馬力）。乗員2名]。1942年6月10日に最終的に廃棄される前にヒルヴァスで撮影されたもの。厚い森林上空を飛行中にエンジン不調になり、後に29.5機撃墜のエースになるエミル・「エンップ」・ヴェサ軍曹は、なんとかこの複葉機を非常に低速で失速させた。パイロットは切り傷と打撲を負っただけで脱出したが、MO-103は大破した。

1942年8月から先、第24戦隊は主としてフィンランド湾上で赤旗勲章受章バルト海艦隊航空隊と戦った。つねに戦ったこれらの部隊のひとつが、赤旗勲章受章バルト海艦隊第71戦闘機連隊（71.IAP,KBF）であった。写真は始動用トラックに接続されている同部隊のI-153「銀の93」。1942年8月ラヴァン島にて撮影。

ジン：M-105PA（1100馬力）、武装：7.62mm機関銃2挺、20mm機関砲1挺、爆弾200kg] と交戦した。彼は最初の航過で1機の戦闘機を撃墜し、2回目の攻撃を準備していると、ルーッカネンはPe-2を掩護するため追いかけて来る、赤旗勲章受章バルト海艦隊第71親衛戦闘機飛行連隊（71.IAP,KBF）の8機のI-16を発見した。20分間の乱闘の結果として、3機のロシア機が撃墜されたが（そのうち1機は、BW-396で飛行していたルーッカネンの戦果のI-16）、パーヴォ・トロネン軍曹は彼のブルーステル（BW-376）が1機の「ラタ」の餌食となって戦死した。この戦闘が生起した1週間のうちに、エイノ・ルーッカネン（彼の戦果はいまや17機に達していた）は少佐に昇進し、第30戦隊の指揮を任された。彼の第1中隊長の地位は、そのまま「ハッセ」・ウィンド中尉（当時14.5機撃墜）に引き継がれた。

　11月初め、第24戦隊の4個中隊は、カレリア地峡の真ん中の第3飛行団のスーラ湖基地に移動する命令が出され、この月の14、15日に本部、第1、第3、第4中隊は移動した──第2中隊は、長引いたティークス湖の滞在から南に戻り、1週間後に続いた。継続戦争開始以来初めて、第24戦隊はひとつの飛行場で再び一緒になった。

　フィンランド湾上の空域は、11月22日まで静かなままであった。この日、

0915（9時15分）、アウリス・ルンメ中尉は6機のブルーステルを率いて赤旗勲章受章バルト海艦隊第21親衛戦闘機飛行連隊（21.IAP,KBF）の同数のYak-7と戦闘に入った。クロンシュタットの西で起こった25分間の格闘戦の間に、3機のロシア軍機が撃墜されたと報告された。戦闘の真っ只中に迷い込んだ単機のIl-2もまた、あっという間に撃墜された。乗機のブルーステルに弾薬と燃料を補給した後、ルンメ中尉の編隊はカルフネン大尉の中隊とともに再び上空に送られた。オラニエンバウムの方向に戻って、フィンランド側はIl-4を護衛している数機のI-16に迎撃されたが、赤旗勲章受章バルト海艦隊第21親衛戦闘機飛行連隊（21.IAP,KBF）の3機の戦闘機すべてと、爆撃機をも撃墜した。
　この年の最後の戦いは、24時間後に生起した。最初に戦闘に入った中隊は第24戦隊第4中隊であった。彼らは1100（11時00分）にラバン島とセイスカリの間で、5機のトマホークに護衛された6機のPe-2を迎撃した。2機の爆撃機と2機の戦闘機は、たちまち撃墜が報告された。30分後には第1中隊は、3機のPe-2とその護衛戦闘機を攻撃した。護衛戦闘機が戦隊の残りの戦闘機をかわすのに手一杯な間に、2機のブルーステルが2機の爆撃機を撃墜した。単機の「ラタ」もまた撃墜された。
　朝が近づいたが第24戦隊の戦いはまだ続いていた。今度は第3中隊が敵と交戦する番であった。8機のトマホークが追跡を受けて、ソ連軍戦線を越えて戻ろうとした。これらのパイロットは、オラニエンバウムを取り囲む多数の対空砲中隊による対空弾幕の背後に守られてブルーステルから逃れようとした。1機を除く全機が逃げ延びた。唯一の獲物は1230（12時30分）に、ユーティライネン准尉がBW-351で落としたもので、フィンランドの「エースの中のエース」がブルーステル・モデル239であげた最後の戦果となった。

1942年5月26日、エイノ・ペルトラのBW-356の上、周囲に集まった第24戦隊第2中隊のパイロット。左から右に、地上はスロ・レフティヨ軍曹、オイバ・レフティネン軍曹（1.5機撃墜）、翼に座っているのは、ヴァイノ・ポケラ中尉（5機撃墜）そしてラウリ・ペクリ中尉（18.5機撃墜）、後列に立っているのは、パーヴォ・コスケラ軍曹（3機撃墜）、エーロ・キンヌネン曹長（22.5機撃墜）そしてヘイノ・ランピ上級軍曹（13.5機撃墜）、そしてエンジンのカウリングに座っているのは、エイノ・ペトラ上級軍曹（10.5機撃墜）、そしてウルホ・レフト軍曹（3機撃墜）である。（SA-kuva）

12月にはロシア軍機との交戦は全く報告されなかった。そして第24戦隊は23機の可動ブルーステルをもって新年を迎えた。1月もまた静かであった。そして2月にはいくつかの部隊から最も戦果をあげたパイロットが、新しく編成された第34戦隊に移動した。第34戦隊は3月にドイツから到着することが予定されていた、最初のメッサーシュミットMe109Gを装備することになっていた。

この部隊は最初から「精鋭部隊」を意図しており、戦隊長の抗議にもかかわらず、その司令官のエルッキ・エフルンロース少佐は、いかなるフィンランド空軍戦闘機部隊からもパイロットを引き抜くことを許可されていた。これらの中で第24戦隊から選ばれたのが、イルマリ・ユーティライネン准尉（36機撃墜）、ラウリ・ペクリ中尉（12.5機撃墜）そしてエイノ・ペルトラ曹長（7.5機撃墜）であった。

第34戦隊に譲り渡してパイロットを失ったことに加えて、第24戦隊は1942年中の戦闘による消耗も被ったため、4個中隊に配備するには不十分な航空機しか残されていなかった。このため部隊は以下のように再編成された。

1943年2月24日の第24戦隊

司令官　グスタフ・マグヌッソン中佐　司令部をスーラ湖に置く
第1中隊　ヨルマ・サルヴァント大尉　スーラ湖にあり8機のブルーステルを装備
第2中隊　リッカ・トッリョネン中尉　スーラ湖にあり8機のブルーステルを装備
第3中隊　ヨルマ・カルフネン大尉　スーラ湖にあり8機のブルーステルを装備

こちらは第24戦隊第3中隊の集合写真である。1942年9月10日、リョンピョッティで、ヨルマ・カルフネン大尉のBW-366の前で撮られた。左から右に、エーロ・パカリネン軍曹（3機撃墜）、ヤロ・アフルステン少尉、マルッティ・サロヴァーラ中尉（3機撃墜）、中隊長のヨルモ・カルフネン大尉（31機撃墜）そして彼の愛犬の「ペギー・ブラウン」、イルマリ・ユーティライネン准尉（94機撃墜）、ヨウコ・フオタリ上級軍曹（17.5機撃墜）、そしてエリク・リリ軍曹（8機撃墜）である。パカリネン、アフルステンおよびサロヴァーナは救命胴衣を着込んでおり、彼らが緊急発進の待機中にあることを示している。（SA-kuva）

第24戦隊の1943年最初の戦闘は、2月23日午後に生起した。カルフネン大尉の中隊の6機のブルーステルは、ラバン湖の南で12機のI-16に護衛された4機のPe-2の迎撃に上がった。彼らは基地に戻ると、戦闘機6機の撃墜を報告した。エーロ・キンヌネン准尉（BW-352に搭乗）およびヴィルヨ・カウッピネン軍曹（BW-357に搭乗）の両者が2機撃墜を報告した。10日後、ロシア軍は同じ地域での2回の戦闘で、3機のI-153と1機のI-16を撃墜された。

　3月10日、また別の大規模な交戦が生起した。このとき7機のPe-2と10機のMiG-3がコトカに向かうのが発見された。トョッリョネン中尉に率いられた8機のブルーステルが、1530（15時30分）にハーパ島上空で編隊を攻撃し、彼らを引き返させた。フィンランド側は彼らの獲物をはるかオラニエンバウムの東まで追及し、1機の爆撃機と6機の戦闘機をフィンランド湾を覆った氷に不時着させた――重対空砲だけがブルーステルが全編隊を撃滅することを阻んだ。

赤旗勲章受章バルト海艦隊の攻勢
Red Banner Baltic Fleet Offensive

　1943年の春の雪解けとともにソ連の潜水艦がバルト海に入ることを阻止する試みとして、ドイツ軍は冬の天候に紛れてポルッカラからエストニアのナイス島までフィンランド湾を横切って、二重の対潜網が張られた。さらに

1942年9月の終わりにティークス湖から哨戒に出動したときに写された、第24戦隊第2中隊のブルーステル編隊。この写真はBW-384を飛ばしていた中隊長のパウリ・エルヴィ大尉が撮影した。カメラに近い機体はランピ上級軍曹のBW-354、続くのはキンヌネン曹長のBW-352、トゥェルッカ准尉のBW-357、そして最後はペルトラ上級軍曹のBW-356である。これら4名のパイロットはすべて、フィンランド空軍エースの公式リストに掲載されている。そして彼らの全戦果は継続戦争中に、まさにこの機体であげられたものである。しかしヘイモ・ランピとユルヨ・トゥルッカだけが、戦争の終わりまで生き延びた。

下に見える厚い雲を通して上昇したンビ上級軍曹およびキンヌネン曹長が、この写真では位置を交換している。これは出撃の後でエルヴィ大尉によって撮影されたもの。トゥルッカ准尉は位置を保っている。しかしペルトラ上級軍曹は視界から脱落しているようだ――たぶん彼はまだ雲の下で帰路を探しているのだろう！　1942年11月21日、ティークス湖に残った第24戦隊第2中隊の5機のブルーステルは、南に戻る進路を取り、中隊の「一時的な」配置はほとんど11カ月続いた後、ついに終わりを迎えた。

1942年11月1日、エイノ・ルーッカネンは少佐に昇進し、第30戦隊の指揮を委ねられた。戦隊は第24戦隊とともにリョンピョッティに配置された。この特別のできごとを記すために、ルーッカネンはBW-393の尾翼に17個のラハデン・エリコイスIビールボトルのラベルで飾るを許可した。各々は冬戦争あるいは継続戦争であげた戦果を示していた。残念ながらルーッカネンがこれら17個のボトルの中身を飲み干したか、あるいは彼の僚友がこの任務の達成を助けたかは記録がない。エイノ・ルーッカネンは1943年3月29日に第34戦隊の司令官となったことにより、戦争を56機の戦果（441回の出撃で）とマンネルヘイム十字章受章で終えた。

対潜手段として、二重の機雷ベルトが同時にさらに東のコトカとナルヴァの間に敷設された。これらの防備設備を稼働状態に維持するために、島の「連絡網」の間を人員および装備がコトカを補給基地にするサービス艦艇によって、行ったり来たりしなければならなかった。1年以上にわたって、ベルトに沿ったこれらの補給地点および基地は、赤旗勲章受章バルト海艦隊航空隊の主要目標であった。そのころ空軍はまたそのI-153とI-16を、La-5とYak-1およびYak-7への代替を初めており、またPe-2とIl-2の数も増していった。良い機材と良い戦術的訓練が結び付いて、ロシア軍はより危険な敵となった。

ソ連軍の攻勢は海の氷が溶けるやいなや発動された。そして第24戦隊はその地域と補給地点を守る任務を与えられていた。春の最初の戦闘は4月14日に生起し、ウィンドの4機のブルーステルは、フィンランド湾東部地区を西に向かう爆撃機編隊を護衛する30機のYak-1およびLa-5と戦った。数の差をものともせず、フィンランド機は30分間以上も各種の低空格闘戦闘を行い、損害なしで5機の戦闘機の撃墜を報告した。

4日後、この戦役における最初の大規模戦闘が終わった。アウリス・ルンメ中尉（BW-370に搭乗）は、7機のブルーステルで1700（17時00分）にスーラ湖を緊急発進し、5分後にヨエル・サヴォネン中尉（BW-375）の率いるさらに6機のモデル239が続いた。戦闘機は赤旗勲章受章バルト海艦隊第7親衛突撃飛行連隊（7.GShAP,KBF）の8機のIl-2の方向に誘導され、そしてクロンシュタットの西に赤旗勲章受章バルト海艦隊第21戦闘機飛行連隊（21.IAP,KBF）の50機の護衛戦闘機が発見された。1時間にわたる戦闘の後、フィンランド側は無傷で現れ、2機のIl-2と18機の戦闘機の撃墜を報告した。

4月21日朝、ブルーステルの3個中隊すべては、セイスカリ～クロンシュタット地域で、35機のYak-1、LaGG-3［訳註：1940年初飛行。ラーヴォチキンとゴルブノフ、グドコフの設計によるLaGG-1の改良型。改良されたにもかかわらず、LaGG-1同様安定性、操縦性能に難があり、生産にも問題があったため、同時代のYak戦闘機より劣っていた。やはり戦略物資の節約のため木製外板が使用されていた。全長8.82m、

全幅9.80m、総重量2990kg、最高速度564km/h。エンジン：M-105PA（1100馬力）、武装：12.7mm機関銃1挺、20mm機関砲1挺］およびLa-5［訳註：1942年初飛行。LaGG-3の改良型だが、元の機体の液冷エンジンを空冷エンジンに換装しており、全く別の機体といっていいものに仕上がっている。空冷エンジンとなったことで前面投影面積は増えたものの、エンジン出力の増大その他により性能は向上した。全長8.71m、全幅9.80m、総重量3265kg、最高速度603km/h。エンジン：M-82（1330馬力）、武装：20mm機関砲2挺］戦闘機を迎撃した。当初第24戦隊第3中隊だけが緊急発進し、6機の戦闘機はカルフネン大尉によって戦闘に導かれた。トョッリョネン大尉の6機の戦力の第2中隊は、敵戦力がわかったすぐ後に離陸した。そして迎撃が開始されたすぐ後で、サルヴァントが第1中隊の5機のブルーステルで

1942年9月、第24戦隊第1中隊の待機人員が、リョンビョルッティからの緊急発進を待つ間、戦術について議論している。左から右に、マッティ・ペッリネン上級軍曹（1.5機撃墜）、カイ・メツォラ中尉（10.5機撃墜）、中隊長のエイノ・ルーッカネン大尉（56機撃墜）、そしてエーロ・キンヌネン曹長（22.5機撃墜）である。ペッリネンの左に見える戦闘機は、BW-374「白の4」である。
(V Lakio)

1942年11月終わり、スーラ湖にて、第24戦隊第4中隊のBW-367「黒の6」のパイロットが、雪に覆われた駐機地域から滑走するためスロットルを開く。将来19機撃墜のエースとなるエリク・テロマー中尉は、1942年10月23日から26日までにこの機体で4機の撃墜戦果を記録した。彼は後に第24戦隊第2中隊長となり、戦争終結までに225回の出撃を数えることになる。（via P Manninen）

第24戦隊第3中隊のBW-352。1943年2月21日、カレリア地峡、スーラ湖上空を飛ぶユンカースK43輸送機［訳註：1930年にドイツから同系のW34を1機購入した。K43はスウェーデンから6機購入された。さらに1944年にもドイツからW34を5機購入している。1927年初飛行。ユンカース社製で有名なJu52の姉妹機といっていいだろう。低翼単葉でユンカース独特の波形外板の特徴を持つ3～6人乗りの単発輸送機。哨戒、連絡、輸送、軽爆撃に使用された。全長10.27m、全幅17.75m、総重量3200kg、最高速度247km/h。エンジン：ブリストル・ジュピターIV（420馬力）、武装：7.92mm機関銃1～2挺、爆弾400kg。乗員2～4名］からの撮影。この機体はこの写真が撮られた10日前に部隊に戻って来たばかりであった（このため素朴な冬季迷彩が上塗りされている）。BW-352は、タンペレで徹底的な再組み立てが行われたため、6カ月以上も地上にあった。同機は第24戦隊第3中隊に戻った後、エーロ・キンヌネン准尉に割り当てられたが、1943年4月21日にオラニエンバウム上空で対空砲によって失われた。キンヌネンは損傷した機体とともに墜落した。22.5機撃墜のエースは、彼が戦死するそのときまで300回の出撃を行った。(Finnish Air Force)

到着した。

　数的に圧倒的な劣勢の戦闘で、2名のフィンランド軍パイロットが戦死した。タウノ・ヘイノネン上級軍曹（BW-354に搭乗）は第4親衛戦闘機飛行連隊（4.GIAP）のLa-5にオラニエンバウム上空で撃墜され、冬戦争のベテランの22.5機撃墜のエース、エーノ・キンヌネン准尉（BW-352に搭乗）は彼の同僚が撃墜された場所の近くで対空砲に命中弾を受けた。しかしロシア側もこの勝利に高い代償を払った。残ったパイロットは19機の敵機の撃墜を報告したのである――赤旗勲章受章バルト海艦隊の第4親衛戦闘機飛行連隊（4.GIAP,KBF）と第21戦闘機飛行連隊（21.IAP,KBF）が両者とも損害を被ったことは知られている。

　5月2日、赤旗勲章受章バルト海艦隊航空隊はコトカを攻撃し、18機のブルーステルは目標の南で、赤旗勲章受章バルト海艦隊第3親衛戦闘機飛行連隊（3.GIAP,KBF）の30機のLaGG-3と交戦した。フィンランド湾を横切って荒れ狂った1時間におよぶ戦闘で、第2中隊は4機の敵機を海に墜落させたが、ある程度の犠牲を被った。中隊長のリッカ・トョッリョネン大尉は（冬戦

1943年初め以降、フィンランド国境沿いのソ連戦闘機部隊は、旧式のポリカルポフ戦闘機をより近代的なラーヴォチキンおよびヤコブレフ設計の機体に交換した。後者の例がこれで、第29親衛戦闘機飛行連隊（29.GIAP）のYak-7B「白の34」が、1943年春、レニングラード周辺地域の場所不詳の基地から、出撃を開始するため移動しようとしている。第24戦隊のパイロットは、戦後になって初めて第29親衛戦闘機飛行連隊（29.GIAP）が、継続戦争中にひんぱんに交戦した部隊のひとつであることを知った。(via C-F Geust)

1943年2月、またひとつの出撃を完了した後、「ハッセ」・ウィンドがBW-393「白の7」に乗ってスーラ湖に帰還した。フィンランド第2位の戦果を持つエースは、この特定のブルーステルと長く実り多い関係を享受した。彼はこの機体で、1942年1月9日から1943年9月28日までに26.5機の撃墜を報告した。ウィンドの中隊長の「エイッカ」・ルーツカネン大尉もまたBW-393を幸運な機体としていた。彼は1942年秋に個人の乗機としていた間に、7機の戦果をあげている。実際この機体は、1942年11月にルーツカネンが第24戦隊第1中隊に去った後、ウィンドに恒久的に譲られた。

争のベテランでもあり、11.25機撃墜のエース）、BW-380で行方不明となったことが報告された。ルンメ中尉が、中隊の指揮を引き継いだ。

48時間後、12機のブルーステルは、5機のII-2を攻撃した。この機体には10機のI-153が接近して護衛に飛び、1ダースのLAGG-3とトマホークが上空掩護任務にあたっていた。戦術的、そして数的優位にもかかわらず、ロシア側は9機の機体を失いフィンランド側は1機だった──ヨウッコ・リルヤ軍曹は、赤旗勲章受章バルト海艦隊第3親衛戦闘機飛行連隊（3.GIAP）のLaGG-3に襲いかかられて戦死した。

9機のソ連機が撃墜されたが、「ハッセ」・ウィンドはBW-393でそのうちの4機を報告した。

「カルフネン大尉の僚機として飛んで、私はペニン島の近くに4機のI-153と5機のII-2を発見した。私は1機のI-153の尾部に食いつき攻撃を開始、敵機を海面の高さまで追い落とした。敵機は右翼を下に海に突っ込んだ。

「我々が戦闘機ともつれ合っている間に、イリューシンはクレイヴィンラハティの方を目指した。彼らを止めることに決めて、私は僚機を護衛機にかかわるままにして襲撃機を追いかけた。私が攻撃した最初のII-2は、左翼の天板に命中して火に包まれ海中に突っ込んだ。2機目のイリューシンは、全く同様に墜落した。

「我々がシェペレフスキーの海岸に達したとき、私は3機目を射撃すると、

1943年3月27日、スーラ湖で発生した氷の上の小事故で、BW-371がBW-356に突っ込んでしまった。この衝突で被った損傷は軽微で、機体は基地で修理された。両ブルーステルとも第24戦隊第1中隊に属し、BW-371「白の1」は冬戦争のエース、ヴィクトル・ピヨツィア准尉（彼はこの機体では1機の撃墜も報告していない）に割り当てられたものである。このモデル239は、撃墜されたソ連のI-153から取り外された、より強力なシュヴェツォフM-63星形エンジンを取り付けたいくつかの機体の1機である。この大規模改修はタンペレの国営飛行機製作所で行われ、通常、機体の翼内銃は（BW-371の場合のように）撤去されているのが見られる。（V Lakio）

1942年10月20日、ユーティライネン准尉は、彼がいうところの「マーキングのない」ハインケルHe111〔訳註：1935年初飛行。第二次世界大戦を通じてドイツ軍の主力爆撃機として使用された傑作中型爆撃機。当初爆撃機であることを秘匿するため民間輸送機を名目に開発された。大戦中期以降旧式化したが、代わる適当な機体もなく大戦終結まで使用が続けられた。全長16.40m、全幅22.60m、総重量14000kg、最高速度405km/h。エンジン：ユンカース ユモ211F-2（990馬力）2基、武装、20mm機関砲1挺、13mm機関銃1挺、7.92mm機関銃5挺、爆弾3250kg。乗員4名〕をフィンランド湾上空で迎撃し素早く撃墜した。ユーティライネンの獲物はほぼ確実に、赤旗勲章受章バルト海艦隊第1親衛機雷敷設撃飛行連隊（1.GMTAP,KBF）所属のイリューシンII-4であろう。彼らは当時この地域で作戦していたことが知られる。この写真もまた赤旗勲章受章バルト海艦隊第1親衛機雷敷設雷撃飛行連隊（1.GMTAP,KBF）の機体で、1942年12月にレニングラード地区の基地から離陸のため滑走中のもの。（G F Petrov）

敵機は煙をひき始めた。このII-2は激しく燃え上がり、高度を失うとトッリ灯台の近くの海に墜落した。

「イリューシンがとった唯一の退避行動は、横滑りして逃げることだった。彼らは翼上面に被弾するとすぐに火に包まれた」

ウィンドの撃墜したII-2は、赤旗勲章受章バルト海艦隊第7親衛突撃飛行連隊（7.GShAP）に属しており、全機が海中に墜落するのが目撃された。この獲物によって、彼の撃墜数は25機に増加し、継続戦争中の撃墜戦果は中隊長のカルフネン大尉に、たった1機足りないだけとなった。カルフネンはこの作戦行動で、彼の31機目の、そして最後の空中戦果を記録した。

5月9日、ロシア軍はスール島の軍事施設を爆撃し、基地へ帰還中その30機規模の護衛戦闘機は、15機のブルーステルの迎撃を受けた。ブルーステルは1機のLa-5と2機のYak-7の撃墜を報告している。これらの撃墜は第24戦隊にとって特別な意味を持っていた。というのはそのひとつは、部隊の撃墜戦果の500機目を記録したからである。

春季攻勢の準備中、赤旗勲章受章バルト海艦隊は、1943年の初めの数カ月中にセイスカリ島に新しい空軍基地を建設した。そして5月20日、第24戦隊第2、第3中隊は敵飛行場上空で小規模な戦闘機編隊と一連の空戦を戦っ

1943年2月8日、第24戦隊第3中隊のユーティライネン准尉が、新しく編成された第34戦隊への転属者に選ばれたため、彼の忠実なBW-364はマルッティ・サロヴァーラに割り当てられた。サロヴァーラは、ユーティライネンの36機の撃墜マーク（このうち28機はまさにこの機体であげられたもの）は、フィンランドの高位エースに敬意を表するしるしとして取り除かないことを選んだ。これは5月にインモラで撮影されたもので、それゆえ尾翼は撃墜マークで一杯に飾られている。BW-364の後ろに駐機しているのは、第24戦隊第4中隊のBW-383。（Finnish Aviation Museum）

た。損害はなく、3機のYak-1（実際には第13艦隊戦闘機飛行連隊──13.KIAP。「K」は赤旗勲章艦隊を示すもの──のYak-7）と2機のLaGG-3が撃墜された。スーラ湖で燃料と弾薬の補給をして、同じ午後に両中隊はセイスカリ上空でソ連軍戦闘機とそのままた戦闘した。再び損害はなく、今度は6機のラーヴォチキン戦闘機と1機のYak-7の撃墜が報告された。第4親衛戦闘機飛行連隊（4.GIAP）は、「数機の」La-5を失ったことを認めている。

　ほとんど定期的な行動の6週間に、本当にひと握りの旧式のブルーステルは、81機のソ連機の撃墜を報告している。これにたいして4機のブルーステルが失われた（このうち1機は対空砲に撃墜されたもの）。この成功の鍵は高位から攻撃したことで、フィンランド空軍パイロットは敵に対して急降下することで得られる有利さを完全に理解していた。つねにソ連編隊の上空にいることで、ブルーステルのパイロットは、彼らの試みそして挑んだ「振り子」戦術を、完全に実践することができた。これにより彼らはつねに、戦闘の主導権を握ることができた。

　5月28日、部隊の圧倒的な成功に注目して、マンネルヘイム元帥はスーラ湖の第24戦隊を訪問した。そこで彼はマグヌッソン中佐と彼の戦隊の双方を祝福した。同時にマンネルヘイムはマグヌッソンが第3飛行団の司令官に昇進することを告げ、戦隊長の地位は先任中隊長カルフネン大尉がとることとなった。さらにウィンド中尉は第3中隊の任を引き継ぐことになった。大勝利を味わった後、たった数日後の6月5日に、部隊を悲劇が襲った。冬戦争のベテラン、マルッティ・アルホ准尉がタンペレの近くで、BW-392の事故で死亡した。これは国営航空機製作所の技術者によって大幅に改良された特別なブルーステルで、技術者は同機にはより軽量な木製の翼を取り付けその950馬力のライト・サイクロンエンジンを、撃墜したI-153から回収した、ソ連製の1000馬力のシュヴェツォフM-63エンジンと交換していた。

　アルホは戦闘機を領収しスーラ湖に飛行して戻るために、タンペレに送られたものであった。そしてスーラ湖で前線パイロットによって、標準型モデル239と敵航空機の両者にたいして評価する予定となっていた。アルホは、通常型のブルーステルで普通にやるように、機体をきつい上昇旋回に入れて傾けた。しかしこの機体では追加の燃料タンクが胴体内に取り付けられており、その重要な重心が変化していた。燃料満タンで、この重く過積載の戦

1943年5月初め、スーラ湖にて、第34戦隊の「パッパ」・トゥルッカ准尉（17機撃墜）が、かつての指揮官「ヨッペ」・カルフネン大尉を訪れた──2人の間にはカルフネンの「ペギー」・ブラウンが座っている。カルフネンのBW-366「オレンジの6」は、新しく39本の棒が描き直されているようだ（カバー裏表紙の写真を参照）。ヨルマ・カルフネンは、彼の31番目、そして最後の戦果を、1943年5月4日にこの機体であげた。この成果は冬戦争と継続戦争で飛んだ、350回の出撃の合計である。(SA-kuva)

1943年4月、スーラ湖にて、第24戦隊第1中隊の整備員、パーヴォ・ヤンフネンがイルマリ・ユーティライネン准尉に移管されて間もないBW-364「オレンジの4」の尾翼に腰掛けている。機体番号の上の赤い星で飾られた髑髏と交差した骨のマーキングは、前のパイロットによる致死率を示している。Me109Gを装備した第34戦隊の隊員となってからの「イッル」・ユーティライネンは、その戦果を戦争の終結までに427回の出撃で94機もの驚くべき撃墜数へと増大させた。この成功によって、彼はたった4人のマンネルヘイム十字章2回受章者のひとりとなったのである。

闘機は、速度もパワーもその急旋回に耐えられず、失速して地上に激突した。アルホは即死した。15機を撃墜しまさにエースといえる、24歳のマルッティ・アルホは、彼が死んだとき部隊で一番若い准尉であった。

アルホの死の48時間後、第2、第3中隊はクロンシュタットの近くで、4機のPe-2と、7から8機のIl-2そして15機の護衛戦闘機からなる、2つの混成編隊を迎撃した。上空から攻撃して、フィンランド軍パイロットは再びいかなる損害も被らずに、破滅的被害を与えた。1機のペトリャコフ、1機のイリューシン機そして単機のラーヴォチキンとともに、3機のヤコブレフ戦闘機が撃墜された。

6月17日、10機のSB爆撃機はスーラ湖飛行場に低空で奇襲攻撃を仕掛けた。攻撃は第24戦隊の全戦闘機を地上で捕らえた。幸運にも、たった1機、BW-351が破壊されただけだった。このベテラン戦闘機は出撃準備を整えて駐機中で、直撃弾を受けて燃える残骸と化したのである。

この攻撃は赤旗勲章受章バルト海艦隊にとっては、別れのあいさつとでもいうようなものであった。というのもフィンランド湾を越えての戦闘は、その後ほとんど記録されなかったからである。その後、ドイツ軍戦線を攻撃するロシア軍爆撃機を防御する戦闘機部隊に活用される、新しいセイスカリ空軍基地のおかげで、海を越えての交戦は過去のものとなった。何回かブルーステルのパイロットは、ソ連機を戦闘に誘うために舞い上がったが、緊急発進した敵機は皆、ソ連の対空砲の防御範囲の内側に留まっていた――フィンランド戦闘機パイロットには禁止されている領域であった。

第24戦隊のパイロット戦力は、7月6日、士官学校で学ぶためほとんど1年間離れていた、ラウリ・ニッシネン中尉が新しく昇進して部隊に戻ったことで増大した。ニッシネンはマンネルヘイム十字章受章者で24機撃墜のエースだった。彼はすぐに第1中隊の指揮をとった。

パイロットに関しては完全戦力であったが、これは第24戦隊の運用可能

1943年9月12日、スーラ湖にて、第24戦隊第3中隊長の「ハッセ」・ウィンド中尉が、飛行装備をすべて着用して、ずいぶんくたびれた乗機、BW-393「オレンジの9」の脇でポーズをとっている。尾翼には戦争のこの時期までの彼の撃墜戦果すべて、33機が記されている。彼の最新の戦果は7月17日のもので、この日彼はLaGG-3を撃墜した。この写真の正確に1週間後、ウィンドはまさにこの機体でLa-5を撃墜し、その戦果を34機に増やした。彼は9月終わりまでにさらに3.5機の戦果を報告している。(SA-kuva)

1943年9月にスーラ湖で撮影された、上とはまた別の公式写真。ここではハンス・ウィンド中尉はBW-393の前に立つのは機体の先任整備員のペンッティ・サーリスト軍曹と氏名不詳の兵装要員。彼はブルーステルの慣性始動機のクランクを手に持っている。1943年6月にウィンドが第24戦隊第3中隊の隊長になったとき、彼はベテランの機体の方向舵の色を第3中隊のものに変更したBW-393とともに移動した。(SA-kuva)

機材に関する奮闘の開始であった。1943年半ばには中隊は戦力として22機のブルーステルを保有していたが、これは1940年初めに引き渡された数のちょうど半分であった。第3飛行団の高官は完全にこの問題に気づいていた。そして7月16日に第34戦隊から6機のMe109Gが今後のすべての作戦で上空掩護をするためにスーラ湖に飛来した。

　幸運にも7月の残りの間は平穏に過ぎた。記録すべき唯一のできごとは、31日にハンス・ウィンド中尉がマンネルヘイム十字章を授与された（116番目）ことであった。彼はまさに第24戦隊の4番目の騎士となった。

　1943年8月1日、第34戦隊はコトカのすぐ北のキミに新しく完成した基地に移動した。そしてこれによって彼らの担当地域はヴィープリ～オラニエンバウム地区に拡大した。これは以前は第24戦隊の伝統的な「猟場」であった。しかしブルーステルは旧式かつ数が少なく、第3飛行団はこの熱く戦われている地域を第34戦隊のはるかに新型でより能力の高いMe109G-2に任せるのが賢明と考えた。この地区の東で行動しているので、第24戦隊にはいまはほとんどソ連軍と戦闘する機会はなかった。

　1943年後半中には、ソ連軍はドイツ軍の保持するティタル島と東海岸に沿って航行する船舶の爆撃に戦力を集中した。ブルーステルのパイロットは、これらの編隊と交戦するのは困難なことに気が付いた。というのは、1942年半ば以来彼らはオラニエンバウムを経由する経路をとるようになっていたが、赤旗勲章受章バルト海艦隊航空隊部隊は彼らの教訓を学び、いまやすべての護衛戦闘機は数千フィート上空に位置していた。

　またソ連空軍機も以前は、オラニエンバウムから離着陸するときに第24戦隊の手にかかったが、いまやつねにロシア軍の前線に沿って空中戦闘哨

ブルーステルで飛行中に戦死したフィンランド軍パイロットはわずか7名だけであった。そのうちのひとりが第24戦隊第1中隊のタウノ・ヘイノネン上級軍曹であった。彼は1943年4月21日にオラニエンバウム上空で、赤旗勲章受章バルト海艦隊第4親衛戦闘機飛行連隊（4.GIAP, KBF）のLa-5に撃墜され、フィンランド機は敵戦線後方に不時着に成功した。彼が戦闘中に負傷したかその後の不時着で負傷したかは不明だが、写真に見られるように、不時着の衝撃は戦闘機のコクピットにひどい損傷を与えた。何にせよヘイノネンの負傷は致命的であった。彼はロシア軍の病院に運ばれる途中に死亡した。BW-354は、実質的に完全な状態で、バルト海艦隊航空隊の手に落ちた初めてのモデル239であった。(via C-F Geust)

戒を飛ばし、脆弱な爆撃機や地上攻撃機に防護を与えた。これはソ連空軍機がもう、事実上旧式なブルーステルの手の届かないところへ行ってしまったことを意味した。幸いにも、フィンランド側の第34戦隊のMe109Gは、そうした制限を被らなかった。

8月20日午後遅く、ブルーステルは初めてメッサーシュミットと協同して行動した。3機のグスタフが16機のモデル239を上空で掩護し、15機のラーヴォチキンとクロンシュタット上空で交戦した。立場が変わって数的優勢を享受して、第24戦隊は4機のLaGG-3と2機のLa-5の撃墜を報告した。

8月28日、冬戦争のベテランのヨウコ・ミュッリマキ大尉が、第2中隊の隊長となった。3日後、ラーヴォチキン戦闘機の1個戦隊が、コイヴィストとオラニエンバウムの間で飛行していることが探知された後、12機のブルーステルが緊急発進した。フィンランド軍はひどい格闘戦に巻き込まれ、スロ・レフティオ軍曹がBW-356に搭乗して撃墜され戦死したのが目撃された。代わりにブルーステルのパイロットも、2機のLa-5と2機の「LaGG-3」（両者ともに第13艦隊戦闘機飛行連隊（13.KIAP）のYak-7B）を撃墜した。後者のペアは最近戻って来た、ラウリ・ニッシネンのBW-373に撃墜された。これは1942年6月8日以来の、彼の最初の戦果であった。

冬の始まり以前にフィンランド湾東部上空で戦われた最後の大規模戦闘は、1943年9月23日に生起した。1330（13時30分）、第24戦隊第3中隊の4機のブルーステルは、第34戦隊第1中隊の4機のMe109Gに護衛されて、シェペレフスキー灯台の近くで、赤旗勲章受章バルト海艦隊第4親衛戦闘機飛行連隊（4.GIAP,KBF）の20機の戦闘機を迎撃した。フィンランド側は3機のヤコブレフと5機のラーヴォチキンの撃墜を報告し、ブルーステルのパイロットはこのうち3機を撃墜した。これらの成功を享受したひとりが、BW-368（彼はこの機体で、1941年8月1日に3機目の撃墜を記録していた）で飛んだ「ニパ」・カタヤイネン上級軍曹であった。

「私は分遣隊長のサロヴァーラ中尉の率いる編隊の一部であった。Yakへの攻撃に向かう間に、私は3機のLa-5が我々の上と横にいるのを発見した。私は代わりにそれらと交戦し、なんとかその1機に命中弾を与えた。その機体は煙の帯をひき始め、雲の中に逃げ込んだ。

「それからは私は1機のYak-1に急降下し、その機体に多数の連射を浴びせた。敵パイロットは最初うまく私の射弾をかわしていたが、

1943年6月29日、BW-353「オレンジの5」のエンジンは、スーラ湖の滑走路の少し手前で停止し、コスティ・コスキネン軍曹は、基地を取り囲む厚い森に不時着せざるを得なかった。ブルーステルの被った損害にもかかわらず、パイロットは残骸から無傷で現れた。驚いたことに、国営航空機製作所は、完全にBW-353を再製作することに成功したのである！　このベテラン機は登録抹消同然だったできごとの前には、第24戦隊第3中隊の「ユッシ」・フオタリ上級軍曹に割り当てられて、多くの戦闘に参加した。実際、17.5機撃墜のエースは、1941年6月19日から1942年8月14日の間に、彼の戦果の8機もをこの機体であげたのである。

1943年夏、フィンランド湾上を飛行する第24戦隊第2中隊のBW-365「黒の9」。この機体を操縦しているパイロットが、36機撃墜のエースのオラヴィ・プロ少尉であることはほぼ確実である。彼はブルーステルで5.5機の戦果をあげた（1943年6〜7月に、1.5機をこの機体で）。BW-365は、M-63エンジンを装備されたモデル239の1機であった。他の同様に改修されたブルーステル同様、ソ連製エンジンの慢性的信頼性欠如のため、まれにしか飛ばなかった。この機体に塗装された白い方向舵と黒い番号は、新しく拡大された第2中隊に配備されたことを示す。同中隊には廃止されて間もない第4中隊の色が適用された。
（U Sarjamo）

1944年初め、レニングラード近郊で雪に覆われた飛行場を横切って滑走する、第159戦闘機飛行連隊（159.IAP）のLa-5「銀の26」。この戦闘機連隊は第275戦闘機飛行師団（275.IAD）に所属しており、機体のスピンナーと垂直尾翼は銀色に塗られていた。この師団の戦闘機は、1944年半ばの激しい空中戦闘中に、しばしば第24戦隊と交戦した。（via C-F Geust）

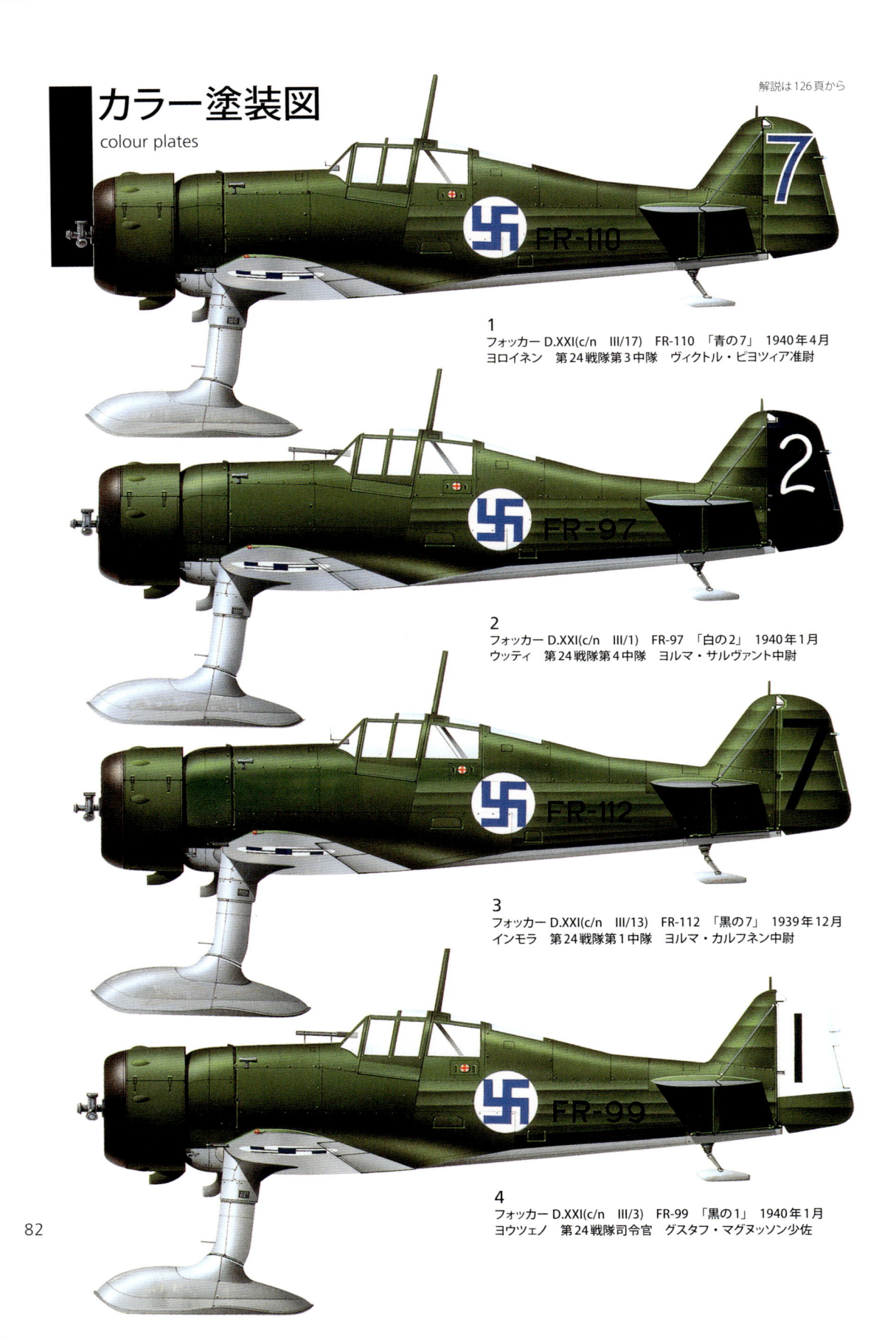

カラー塗装図
colour plates

解説は126頁から

1
フォッカー D.XXI(c/n III/17) FR-110 「青の7」 1940年4月
ヨロイネン 第24戦隊第3中隊 ヴィクトル・ピヨツィア准尉

2
フォッカー D.XXI(c/n III/1) FR-97 「白の2」 1940年1月
ウッティ 第24戦隊第4中隊 ヨルマ・サルヴァント中尉

3
フォッカー D.XXI(c/n III/13) FR-112 「黒の7」 1939年12月
インモラ 第24戦隊第1中隊 ヨルマ・カルフネン中尉

4
フォッカー D.XXI(c/n III/3) FR-99 「黒の1」 1940年1月
ヨウツェノ 第24戦隊司令官 グスタフ・マグヌッソン少佐

5
ブルースター・モデル239　BW-390　「白の0」　1941年10月
ヌルモイラ　第24戦隊第1中隊　カイ・メツォラ少尉

6
ブルースター・モデル239　BW-357　「白の3」　1941年6月
ランタサルミ　第24戦隊第2中隊　ヨルマ・サルヴァント中尉

7
ブルースター・モデル239　BW-368　「オレンジの1」　1942年3月
コントゥポフヤ　第24戦隊第3中隊　ニルス・カタヤイネン上級軍曹

8
ブルースター・モデル239　BW-378　「黒の5」　1941年10月
ルンクラ　第24戦隊第4中隊　ペル＝エリク・ソヴェリウス大尉

9　ブルースター・モデル239　BW-371　「白の1」　1943年3月
スーラ湖　第24戦隊第1中隊　ヴィクトル・ピィヨツィア准尉

10　ブルースター・モデル239　BW-354　「白の6」　1942年9月
ティークス湖　第24戦隊第2中隊　ヘイモ・ランピ上級軍曹

11　ブルースター・モデル239　BW-393　「オレンジの9」　1944年4月
スーラ湖　第24戦隊第3中隊　ハンス・ウィンド大尉

12　ブルースター・モデル239　BW-370　「黒の4」　1942年10月
リョンピョッティ　第24戦隊第4中隊　アウリス・ルンメ中尉

13
ブルースター・モデル239　BW-393　「白の7」　1943年1月
スーラ湖　第24戦隊第1中隊長　ハンス・ウィンド中尉

14
ブルースター・モデル239　BW-352　「白の2」　1942年9月
ティークス湖　第24戦隊第2中隊　エーロ・キンヌネン上級軍曹

15
ブルースター・モデル239　BW-384　「オレンジの3」　1942年5月
ティークス湖　第24戦隊第2中隊　ラウリ・ニッシネン少尉

16
ブルースター・モデル239　BW-377　「黒の1」　1942年10月
リョンピョッティ　第24戦隊第4中隊　タピオ・ヤルヴィ上級軍曹

17
ブルースター・モデル239　BW-393　「白の7」　1942年11月
リョンピョッティ　第24戦隊第1中隊長　エイノ・ルーッカネン少佐

18
ブルースター・モデル239　BW-372　「白の5」　1942年6月
ティークス湖　第24戦隊第2中隊　ラウリ・ペクリ中尉

19
ブルースターモデル239　BW-366　「オレンジの6」　1943年5月、
スーラ湖　第24戦隊第3中隊長　ヨルモ・カルフネン大尉

20
ブルースター・モデル239　BW-386　「黒の3」　1942年4月
コントゥポフヤ　第24戦隊第4中隊　サカリ・イコネン上級軍曹

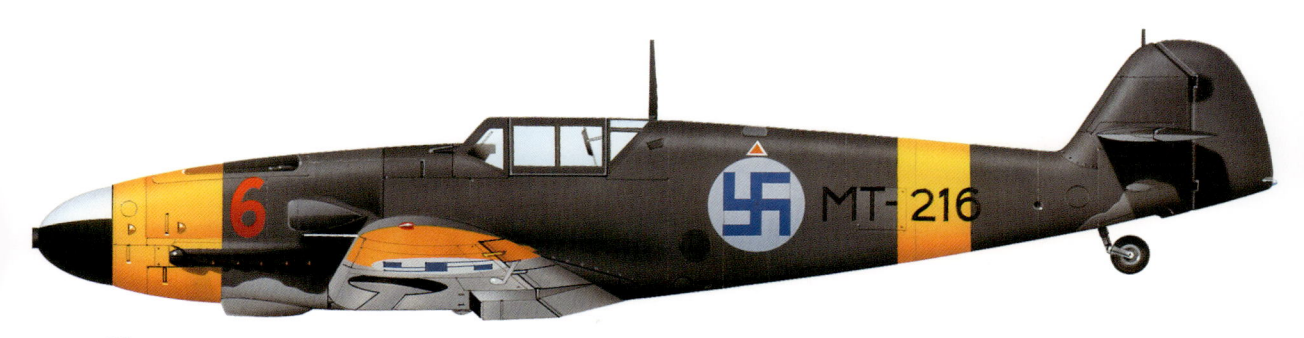

21
Me109G-2(Wk-Nr　14784)MT-216　「赤の6」　1944年4月　スーラ湖　第24戦闘機隊第1中隊　ミッコ・パシラ中尉

22
Me109G-2(Wk-Nr　13393)MT-229　「黄の9」　1944年4月　スーラ湖　第24戦闘機隊第1中隊　ヴァイノ・スホネン中尉

22
Me109G-2(Wk-Nr　13393)MT-229　「黄の9」　1944年4月　スーラ湖　第24戦闘機隊第1中隊　ヴァイノ・スホネン中尉

24
Me109G-2(Wk-Nr　14754)MT-213　「白の3」　1944年5月　スーラ湖　第24戦闘機隊第1中隊　エーロ・リーヒカッリオ中尉

25
Me109G-2(Wk-Nr 10322)MT-231 「黄の1」 1944年6月 ラッペーンランタ
第24戦闘機隊第1中隊　カイ・メツォラ中尉

26
Me109G-6(Wk-Nr 164929)MT-441 「黄の1」 1944年7月 ラッペーンランタ
第24戦闘機隊第3中隊　アフティ・ライティネン中尉

27
Me109G-6(Wk-Nr 164982)MT-456 「黄の6」 1944年6月 ラッペーンランタ
第24戦闘機隊第1中隊　オツォ・レスキネン少尉

28
Me109G-6(Wk-Nr 165461)MT-476 「黄の7」 1944年7月 ラッペーンランタ
第24戦闘機隊第3中隊　ニルス・カタヤイネン曹長

29
Me109G-2(Wk-Nr 13577)MT-225 「黄の5」 1944年5月 スーラ湖 第24戦闘機隊第1中隊 ラウリ・ニッシネン中尉

30
Me109G-6/R6(Wk-Nr 165342)MT-461 「黄の6」 1944年7月 ラッペーンランタ 第24戦闘機隊第3中隊 キィヨスティ・カルヒラ中尉

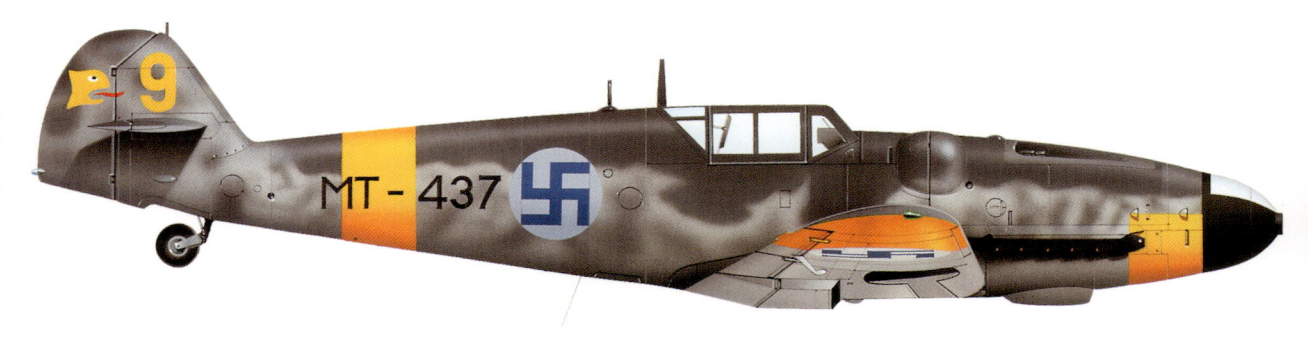

31
Me109G-6(Wk-Nr 163627)MT-437 「黄の9」 1944年6月 ラッペーンランタ 第24戦闘機隊第3中隊 レオ・アホカス上級軍曹

32
Me109G-6(Wk-Nr 167310)MT-504 「黄の1」 1944年9月 ラッペーンランタ 第24戦闘機隊第1中隊

33
Me109G-6/R6(Wk-Nr 165347)MT-465 「黄の7」 1944年7月 ラッペーンランタ
第24戦闘機隊第2中隊　アッテ・ニュマン中尉

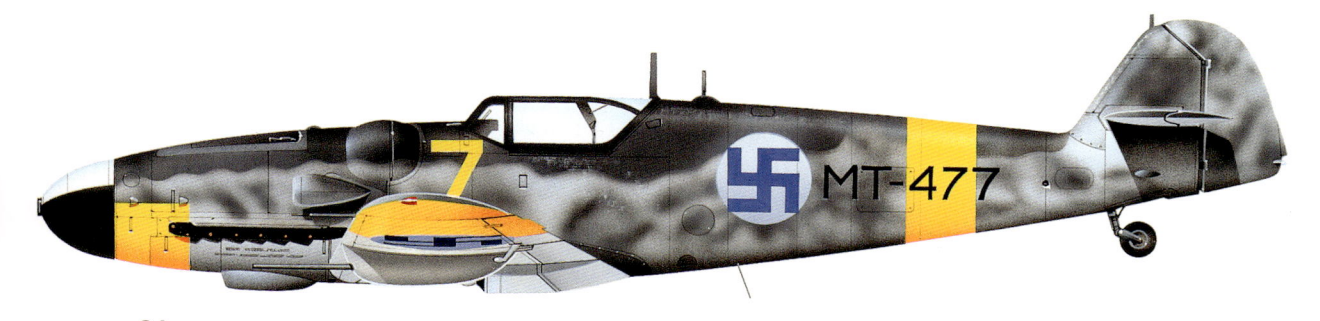

34
Me109G-6/R6(Wk-Nr 165249)MT-477 「黄の7」 1944年7月 ラッペーンランタ
第24戦闘機隊第1中隊　ミッコ・パシラ中尉

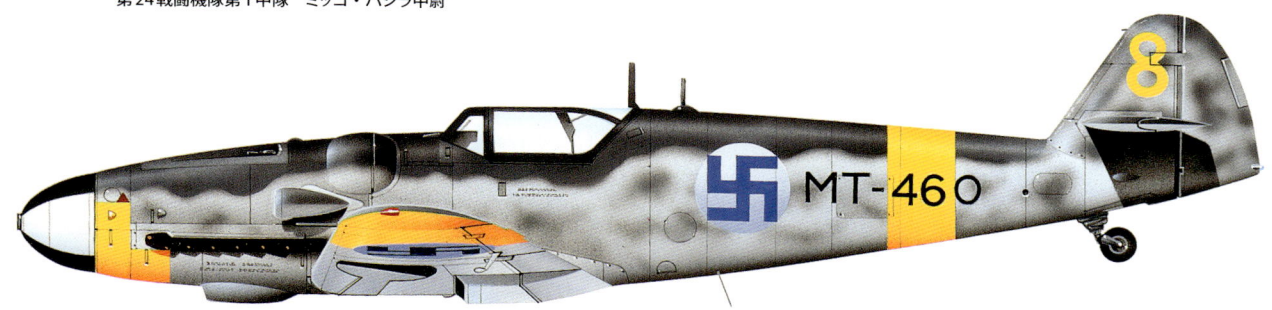

35
Me109G-6(Wk-Nr 165001)MT-460 「黄の8」 1944年7月 ラッペーンランタ
第24戦闘機隊第3中隊　エミル・ヴェサ上級軍曹

36
Me109G-6(Wk-Nr 164932)MT-431 1944年8月 ラッペーンランタ
第24戦闘機隊第2中隊　ペッカ・シモラ上級軍曹

37
グロスター・ゲームコックⅡ(c/n3)GA-46　1938年9月　ウッティ　第24戦隊

38
デ・ハヴィランド60Xモス(c/n8)MO-103　1942年7月　ヒルヴァス　第24戦隊

39
VLヴィーマⅡ(c/n13)VI-15　1943年10月　スーラ湖　第24戦隊

40
VLピィリィⅠ(c/n32)PY-33　1941年6月　ヴェシヴェフマー　第24戦隊

■部隊マーク

1
第24戦隊のマーク(ブルースター・モデル239のみ)

2
第24戦闘機隊のマーク(Me109のみ)

3
第24戦隊第2中隊の「放屁するヘラジカ」
(ブルースター・モデル239のみ)
ウォルト・ディズニーのキャラクター、ハイアワサに着想を得たもの

4
第24戦隊第4中隊の飛翔する白いミサゴ
(ブルースター・モデル239のみ)

国営航空機製作所は、継続戦争中に、「ヴィーマ」（すきま風）初等練習機を設計し24機製造した〔訳註：全長7.35m、全幅9.2m、総重量875kg、最高速度177.5km/h。エンジン：ジーメンス・ハルスカSh14A4（150馬力）。乗員2名〕。VI-15は、1943年6月3日に連絡機として第24戦隊に配備された。この機体は、爆撃機戦隊の第46戦隊から移管された後、1943年10月26日にルオネト湖で撮影されたものである。
（Finnish Air Force）

一度命中弾を与えると敵機は煙の帯を曳き出した。彼は雲の中に隠れようとしたが、私は近づき最後の連射を加えた。するち敵機はシェペレフスキー灯台の北2kmの海中に突っ込んだ。

「私の機体には1発の命中弾もなかった。

「2時間半後、ウィンド中尉の7機のブルーステルは、セイスカリ飛行場に戻る15機の敵機を攻撃し、彼の部下は赤旗勲章受章バルト海艦隊第7親衛突撃飛行連隊（7.GShAP,KBF）の1機のIl-2と、赤旗勲章受章バルト海艦隊第4親衛戦闘機飛行連隊（4.GIAP,KBF）の6機のラーヴォチキンを撃墜したと報告した。

第24戦隊第1中隊のウィンド中尉は、9月28日、4機のブルーステルがシェペレフスキー灯台の北で、4機のIl-2と4機のYak-1を攻撃したとき──3機の戦闘機が撃墜された──、再び戦闘の真っ只中にいた。

しかし10月は部隊にとって静かな月となった。というのはロシア軍航空機が迎撃と爆撃機護衛作戦を行っているのは発見されたが、戦闘は生起しなかったからである。

11月4日、1機のYakが第24戦隊の撃墜戦果に加えられた。そして1週間後、1ダースのYak-7が、4機のブルーステルに迎撃された。ブルーステルは、カレリア地峡の前線の写真撮影のため派遣されたブレニムを護衛していたものであった。ロシア軍機はひとたびモデル239を発見すると攻撃を中止したが、それでもフィンランド側はこのうちの1機を迎撃した。

第275戦闘機飛行師団（275.IAD）に所属する別の連隊は、カーチスP-40ウォーホーク〔訳註：1938年初飛行。カーチスP-36ホークに、水冷エンジンを搭載した改良発展型。性能的には傑出してはいなかったが、安定性、操縦性に優れ扱いやすい機体であった。地上攻撃機としても活躍した。イギリスではトマホークとして知られ、さらに改良型はキティホークと呼ばれた。全長9.66m、全幅11.37m、総重量3655kg、最高速度555km/h。エンジン：アリソンV-1710-33（1090馬力）、武装：12.7mm機関銃2挺、7.62mm機関銃4挺〕を装備した、第191戦闘機飛行連隊（191.IAP）であった。同連隊にはP-40M「銀の23」が所属していた。1944年初めのフィンランド領内上空作戦から帰還中、そのパイロットのV・A・リュービン少尉は、燃料切れでカレリア地峡のヴァルカ湖の氷の上に不時着を余儀なくされ、パイロットと機体の両者ともすみやかに捕獲された。機体（機体番号43-5925）は後にフィンランド軍の塗装に再塗装され、KH-51（「KH」はキティホークを意味する）の番号が着けられ、一連の評価のために飛行された。

1944年5月8日、スーラ湖にて撮影された、第24戦隊第2中隊のBW-374「黒の6」。この日同機は姉妹戦隊の第26戦隊に引き渡された。エーロ・リーヒカッリオ中尉は、1943年1月から1944年春までこの機体を飛ばした。彼はブルーステルを使用して、6.5機の戦果のうちの4.5機を撃墜した。(SA-kuva)

　翌日、4機のブルーステルは、オラニエンバウムに戻る赤旗勲章受章バルト海艦隊第13親衛戦闘機飛行連隊(13.GIAP,KBF)の4機の戦闘機に護衛されたIl-2を追跡した。エミル・ヴェサ上級軍曹(BW-393に搭乗)は1機のYak-7を撃墜し、一方編隊長のヴィルップ・ペルッコ中尉(BW-366に搭乗)は別の機体を撃墜した。ペルッコはYakを落としている間に、自身も被弾した。彼の敵手V・I・ボロディン中尉は、機関砲の連射をペルッコの機体の右翼に命中させることに成功した。彼の機体は火に包まれペルッコはすでにひどい火傷を負っていたが、かれは500mの高度で脱出することに成功した——彼はすぐにソ連海軍のモーターボートに救助され捕虜となった。公式のソ連の文書では、ペルッコの墜落はボロディン(彼は戦死した)が行った「体当たり」攻撃の結果とされているが、この場面にいた他のフィンランド軍パイロットは両機の間にはいかなる接触はなかったとこれを否定している。
　12月の典型的な冬の悪天候の始まりによって、カレリア地峡上空での空中戦闘の機会は減少した。そしてこうした戦闘の機隙は、2ヵ月以上続いた。
　いまや旧式なブルーステルの戦闘可能機数は17機に減少した。1944年1月1日の第24戦隊の戦力は以下のようであった。

1944年1月1日の第24戦隊
司令官　ヨルマ・カルフネン少佐　司令部をスーラ湖に置く
第1中隊　ラウリ・ニッシネン中尉　スーラ湖にあり6機のブルーステルを装備
第2中隊　ヨウコ・ミュッリマキ大尉　スーラ湖にあり6機のブルーステルを装備
第3中隊　ハンス・ウィンド大尉　スーラ湖にあり5機のブルーステルを装備

　1944年2月14日、フィンランド空軍のすべての前線戦隊は彼らの特定任務を意味する接頭語を授けられた。例えば第24戦隊は第24戦闘機隊となった。1週間後、部隊の作戦地域はヴィロヨキ～セイスカリの前線の西の哨戒線を越えて拡大された。一方東ではブルーステルのパイロットは、相変わらずカレリア地峡の中央部の防御を担当していた。第24戦闘機隊は、いまやもっぱらモデル239の旧式化のため迎撃に飛び立つことを制限されており、その他すべての作戦に飛行団司令官の個人的承認が必要とされていた。
　2月22日、部隊は1944年最初の損害を被った。カレヴィ・アンッティラ上級軍曹は、BW-371の無線機の確認飛行の途中に、フィンランド湾東部の

氷結した海上に墜落した。彼は霧の中で機位を失い、基地に戻る経路を探すために低空に降下したのである。

3月の天候の回復はソ連の航空活動の活発化の合図となった。いまやこの地域のソ連軍戦闘機部隊はLa-5かYak-9を装備しており、ブルーステルのパイロットは極めて不利であった。ソ連軍パイロットは、数的、質的優位を享受して彼らの敵を抹殺しようとしたが、フィンランド軍側は経験を積んでおり、損害を防ぎこの月の交戦で第24戦闘機隊は3機の戦果をあげた。

1944年4月2日、部隊はブルーステルでの最後の戦果を記録した。エースのヨエル・サヴォネン中尉（BW-375に搭乗）とヘイモ・ランピ少尉（BW-382に搭乗）は、イノ灯台の近くでLaGG-3を迎撃した。サヴォネンは損害を与えたことを報告し、ランピの獲物は氷の上に激突した。

2日後、最初のMe109G-2が、第34戦闘機隊（彼らは新品のMe109G-6を受領した）から第1中隊に引き渡された。そしてこの月のうちに、残りの2個中隊もまた機種変更された。第24戦闘機隊を去りヘインヨキの第26戦闘機隊に向かう最初の5機のブルーステルは5月8日に出発し、残りの4機は3週間後に同様に続いた。

第24戦闘機隊は、1941年6月25日から1944年5月26日まで次々減っていくブルーステルモデル239で、ほとんど常に戦闘し続けた。この時期に隊のパイロットは459機のソ連機の撃墜を報告し、15機が戦闘で、4機が事故、2機の機体が空襲で失われた。12名のパイロットが戦死し、2名が捕虜となった。第二次世界大戦中、第24戦闘機隊の継続戦争中の、敵に撃墜されるブルーステル1機にたいして30.6機の戦果という撃墜/損失比、に匹敵しうる部隊はほとんどないのである。

■第24戦隊のブルーステルのトップエース

階級	名前	中隊	撃墜数
大尉	ハンス・ウインド※	4,1,3	39
准尉	イルマリ・ユーティライネン※	3	34
大尉	ヨルマ・カルフネン※	3	26.5
少尉	ラウリ・ニッシネン※	3,2,1	22.5
准尉	エーロ・キンヌネン＋	2,3	19
上級軍曹	ニルス・カタヤイネン	3	17.5
大尉	エイノ・ルーッカネン	1	14.5
曹長	マルッティ・アルホ＃	4	13.5
中尉	ラウリ・ペクリ	2	12.5
中尉	アウリス・ルンメ	4	11.5
大尉	リッカ・トョッリョネン＋	4,2	10.5
中尉	ペッカ・コッコ	3	10

※ マンネルヘイム十字章授章
＋ 戦死
＃ 事故死

chapter 5

ソ連軍の攻勢
SOVIET OFFENSIVE

　Me109はその華奢で幅の狭い脚の輪間や、がっちりフレームで囲まれたコクピット──これは滑走や離陸時にパイロットの視界を制限した──により、地上での取り扱いが困難な悪名高い飛行機であった。その到着の8週

メッサーシュミットMe109G

　ドイツ空軍が採用し軍用機として長年にわたって供給された後、1942年の終わりになってやっとフィンランドは、このドイツ製装備を購入することができた。そのときまで一度はすべてを征服したナチスの戦闘機械は、チュニジア包囲で幕を閉じた北アフリカで後退を被り、最終的にスターリングラードでソ連軍の手によって敗北となる手詰まりが続いた。第三帝国は信頼できる同盟国を痛切に必要としており、フィンランドをこの文脈に最適と見なした。アードルフ・ヒットラーは個人的に、メッサーシュミットMe109の供給を許可した。1943年2月1日、1個戦闘機部隊を装備するために、30機のMe109G-2を供給することを含む契約に順当に調印した。

　16機の機体は新品で、価格は1機400万フィンマルッカであった。一方残りの14機はオーバーホールされた機体で、その価格は360万だった。機体は2つのバッチに分かれ、1943年3月13日にウィナー・ノイシュタットから、5月10日にエルディングからフィンランドに飛来した。

　協定に基づき、フィンランドの損失は補われ、追加のMe109G-2がフィンランド西岸のポリに定期的に、野戦航空機貯蔵所を経由して到着する。しかし戦闘機の抹消と代替機の飛来の間には2、3カ月の遅れがあった。48機目に最後に供給された機体は1944年6月1日に到着し、MT-248の番号が割り当てられた。

　1944年2月初め、ソ連軍は長く続いたレニングラード包囲を突破。この新しい脅威を阻止するフィンランド空軍を支援する努力として、3月15日にドイツ軍は別の戦闘機戦隊を装備するために十分な機材の供給に同意した。3日のうちに最初の30機の新しいMe109G-6がアンクラムから到着し、5月1日までに全機が飛来した。機体番号はMT-401からMT-430までが、順に指定された。

　1944年6月9日のソ連軍の攻勢の後、激しい圧力を受けたフィンランド政府は、ドイツに緊急軍事援助を要請した。受領された武器のうちで、定期的に飛来したのが新しいMe109G-6であった。最初の19機は6月19日にインスターブルクから到着した。パイロットは新しい機体の往復を忙しく続け、全部で27機が6月に供給され、7月に19機が（再びインスターブルクから）、8月に24機が（アンクラムから）到着し、その最後の1機は30日に到着した。それらはMT-431からMT-514の番号が与えられた。3機のグスタフはフィンランドに到着せず、MT-473、474そして514が途中で失われた。これら供給された中には、2機の珍しいG-8（MT-462および483）と1機のG-6AS（MT-463）があった。空軍はMe109Gを162機も獲得し、これはフィンランドで最も一般的な戦争当時の戦闘機となった。〔訳註：Me109は1935年に初飛行。第二次世界大戦のドイツ空軍を代表する戦闘機といえる。強力なエンジンに必要でき得る限り小型の機体を組み合わせることで、速度、上昇力等高性能を発揮することに成功した。簡単な構造で量産性も高く、取り扱いも容易であった。ただし地上での視界の悪さと離着陸が難しい（というより危険な）ことは悩みの種であった。また航続性能の低さは、バトル・オブ・ブリテンでドイツ空軍敗北の原因のひとつともいえた。全長8.95m、全幅9.925m、総重量3100kg、最高速度640km/h。エンジン：ダイムラー・ベンツDB605A1（1475馬力）、武装：20mm機関砲1挺、7.92mm機関銃2挺〕

1944年5月12日、スーラ湖で撮影されたMT-227。第24戦闘機隊第2中隊副官「ウルッキ」・サルヤモ中尉に割り当てられた機体である。彼は6月17日までにこの機体で6機を撃墜した。この日、MT-227の右翼はLa-5に射撃されて、第1中隊長のラウリ・ニッシネンのMT-229に衝突した。両パイロットともに即死した。（SA-kuva）

間のうちにスーラ湖で、4機のメッサーシュミットが登録を抹消された。

最初の事故は5月12日に発生した。この日MT-242は、離陸中にMT-236に衝突した──MT-236のパイロット、マルッティ・サルヴァーラ中尉は、衝突によって死亡した。翌日MT-245は同一の運命をたどった。加えてさらに3機のMe109がひどい損傷を被り、修理のためタンペレに送らなければならなかった。

敵と味方
Friend or Foe

4月14日、「ラプラ」・ニッシネン中尉は、第24戦隊でMe109Gの戦闘デビューを飾り、MT-225で飛んで敵と格闘をした。

「ロシア機がフィンランド湾東部上空に発見され、スーラ湖の私の基地からも、ラバン島とセイスカリの間の南東の空に飛行機雲が見えた。すぐに緊急発進の命令が来て、私は離陸し飛行機雲の方向に向かった。

「私が500mの高度に到達したとき、私はサーレンパーの対空中隊が飛行機雲を曳く航空機に射撃するのを観察した。敵機はすぐに針路を変え、北東の方向に向かい、その途中で飛行機雲がなくなった。私はその機体を7500mの高度まで追いかけ、10km後方を追尾した。私はゆっくりと私の獲物に追いついた。

「迎撃飛行中に私は敵機の位置に関して、継続的に無線で情報を得た。敵機はヴィープリ湾上空で回避機動をとり、私は敵機を見失った。下降すると話して、私はすぐに航空機を2km離れた、およそ500m下方、左側に発見した。私はその国籍マークを見分けるよう努め、その左側500mに近づいた。しかし何も見ることができなかった。それで私は識別のための信号弾を撃ち、その答えを待った。なんの応答も来なかった。

「その双発機は私にはなじみがなかった。それで私はそれがロシア軍の新

1944年4月4日、スーラ湖にて、第24戦闘機隊第1中隊の中隊長でありマンネルヘイム十字章受章者のラウリ・ニッシネン中尉が、MT-225でポーズをとっている。ニッシネンは300回の出撃中に32.5機の撃墜を記録した、高い成功を収めたパイロットであるが、彼は6月17日に「ウルッキ」・サルヤモ中尉のMe109Gの残骸に衝突され、悲劇的な死を遂げた。彼は戦死した唯一の、マンネルヘイム十字章受章戦闘機パイロットである。
(V Lakio)

型機と考えた。それは暗い濃淡の迷彩が施されていて、何ひとつとして標識はなかった——そのとき私は以前の経験から、ロシアの航空機は上翼には赤い星を描いていないことを思い出した。

「私は攻撃することを決意し、300mの距離から機関砲と機関銃の両方を射撃し、左側のエンジンに命中した。私は離隔距離をちょうど50mに縮め、左側エンジンに狙いを定めさらに機関砲弾を撃ちこんだ。すぐ後に機体は火に包まれ、急降下に入った」

1610（16時10分）、ドイツ軍の第22長距離偵察飛行大隊第3中隊のユンカースJu188F-1［訳註：1943年初飛行。第二次世界大戦のドイツ軍の主力中型爆撃機であるユンカースJu88の改良型で、卵形に変更された機首形状が特徴となっている。もともと本格的な新型爆撃機開発までのつなぎとなる機体であり生産数は比較的少ない。爆撃機型以外に偵察機、駆逐機型等が製作された。全長14.95m、全幅22.00m、総重量14510kg、最高速度510km/h。エンジン：ユモ213A（1750馬力）2基、武装：20mm機関砲1挺、13mm機関銃1挺、7.92mm機関銃2挺、爆弾3000kg。乗員4名］機体記号4N+NLが、ヴィロラハティに墜落した——乗員は機体が地上に激突する前に脱出した。この機体はフィンランド湾の流氷と船運の双方を偵察するため、リガを1445（14時45分）に離陸し、第24戦闘機隊に最初に通知

1944年4月、スーラ湖にて、「ラプラ」・ニッシネンのMT-225。まさにこの機体が、戦隊に割り当てられた最初のMe109Gである。そして同機は6月7日に、第196戦闘機飛行連隊（196.IAP）のP-39に撃墜され、不時着して残骸となった。第24戦闘機隊の3つの中隊は、順々に彼らの新しいグスタフ［訳註:Me109「G型」の愛称］を受領した。4月半ばには第1中隊から始まり、2週間後第2中隊が、最終的に5月半ばに第3中隊が続いた。機体の機首の戦術マークの「黄色の5」は、この前の持ち主の第34戦闘機隊に適用されたものである。同隊は1944年春の初めに、そのG-2に代えてMe109G-6を受領した。(V Lakio)

1944年4月14日、ニッシネン中尉は、フィンランド湾上空で確認された未確認の双発機を迎撃するためにMT-225で離陸した。いかなる国籍マークも確認できず、彼が発射した識別用の信号弾にも応答しなかったため、ニッシネンはこの爆撃機をヴィロラハティ上空で撃墜した。彼の犠牲者はドイツ軍の第22長距離偵察飛行大隊第3中隊のユンカースJu188F-1偵察機、機体記号4N+NLと判明した。この写真はほぼ同じ時期に撮影された、かなりくたびれた姉妹機の4N+FLである。
(K Karhila)

ミッコ・ペシラ中尉と彼の整備員が、スーラ湖にて第24戦闘機隊第1中隊のMT-216の前でポーズをとる。5月18日にペシラはこの機体で、エンジン停止となった後コルペラ飛行場で不時着せざるをえなかった。1941年9月13日に戦線に加わって以来、ペシラは例外的に第1中隊に所属し続けて、200回の出撃を行い10機の撃墜を報告した。5機はブルーステルで5機はMe109によるものである。(V Lakio)

することなくフィンランド側空域に入り込んだものであった。乗員はその後、1607（16時07分）にソ連の戦闘機（赤い星が見えた）に射撃され反撃したと報告した。その後敵機は消えた。2分後、彼らはそのまま彼らを撃ち落とす機体を発見した。そのフィンランド軍のマーキングは、はっきりと確認された。

Ju188の黒焦げになった残骸は、フィンランド側に調査された。そして機体の汚い冬季迷彩が、その国籍マークのすべての痕跡を見えにくくしていたことが発見された。爆撃機の黄色の東部戦線識別帯もまた、ほとんど用をなさなかった。というのもそれは下から見ることができるだけで、ライトブルーの迷彩地色に描かれていたからである。

この事件の結果として、フィンランド軍パイロットには、すぐに現在のドイツ軍のすべてのタイプの写真が入った、識別マニュアルが配布された。そしてドイツ空軍の航空機は、あらかじめ通知されるかヘルシンキ・マルミ飛行場のドイツ軍航空交通管制官の許可を受けなければフィンランド側空域に入ることが禁止された。

5月11日、第24戦闘機隊第1中隊は、オロネツ地峡のヌルモイラに移動した。そこで彼らのMe109G-2は、第32戦闘機隊の旧式のホーク75Aと交替することになっていた——第32戦闘機隊の機体は、この地域に現れる数を増すLa-5に全く対抗できないことが明らかになっていた。第1中隊は3回の交戦で5機のラーヴォチキンの撃墜を報告したが、カレリア地峡の状況が悪化し、中隊は6月3日にスーラ湖に戻らなければならなかった。

第24戦闘機隊が、Me109Gに移行した後、ソ連の機体との初めての交戦は、5月14日に生起した。この日「ヨッケ」・ミュリュマキ大尉の編隊は、レンパーラ上空で2機のLa-5を攻撃した。メッサーシュミットのパイロットは、カレリア地峡の前線の写真撮影のため派遣された2機のブルーステルを護衛しているときに、戦闘機を発見し1機のLa-5を撃墜した。5月終わりと6月初め、レニングラードの北西にロシア軍部隊の集結が見られ、その後規模を増した。多数の戦車、砲兵機材がフィンランド軍戦闘偵察機によって観察されたのである。不運にも軍高官は、戦闘機偵察パイロットによって示された光景の深刻さを認めなかった。

ソ連戦闘機は毎日の偵察飛行を停止させることを試み、カレリア地峡上空の空戦は激しさを増した。5月27日から6月8日の間に第24戦闘機隊は敵と12回も交戦した。この時期に21機もの撃墜が報告されたが、部隊は6月2日にMT-204に乗ったヘイッキ・ヘッララ中尉を失い、5日後には9.5機撃墜のエース、MT-225に乗ったヴィルヨ・カウッパネン上級軍曹が負傷した。ヘッララは第14もしくは第29親衛戦闘機飛行連隊（14.29.GIAP）のYak-9に撃墜され、カウッパネンは第196戦闘機飛行連隊（196.IAP）のP-39［訳註：1940年初飛行。ユニークな設計で、中央部にエンジンを装備し、プロペラ軸に37mm機関砲を装備した重武装で、降着装置は前輪を持つ3点式で、

1944年5月1日、スーラ湖にて、第24戦闘機隊第1中隊のヨエル・サヴォネン中尉とヘイノ・ランピ少尉が、彼らの「勝利杖」を手にMT-244の前でポーズをとる。どちらのエースも、この機体ではいかなる戦果もあげていない。サヴォネン（彼は316回の出撃を遂行し8機を撃墜した）はMT-235を、ランピ（彼は268回の出撃で飛行し、13.5機の戦果を報告している）はMT-232を割り当てられた。（V Lakio）

コクピットの出入りには自動車式のドアを備えていた。戦闘機としての性能は芳しくなかったが、地上攻撃機としては頑丈で重武装な点が評価された。全長9.21m、全幅10.37m、総重量4018kg、最高速度539km/h。エンジン：アリソンV-1710-35（1150馬力）、武装：37mm機関砲1挺、12.7mm機関銃2挺、7.62mm機関銃4挺。爆弾227kg］に射撃された。

大攻勢
The Great Attack

　1943～44年のドイツ軍戦線にたいする成功に続いて、ソ連赤軍は6月9日にその10回の戦略攻勢のうちの4番目のものを発動した。この戦役は最終的にその目標──フィンランドの征服──に到達することができなかった唯一のものであることがはっきりした。

　フィンランドで知られるようになる「大攻勢」は、第13航空軍の1300機以上の航空機に支援され、さらに赤旗勲章受章バルト海艦隊航空隊の220機の航空機が、攻撃する軍の左翼を援護した。この巨大な戦力は、いかなる地点でも20km以上の幅の楔となってフィンランド湾を越えて前進して、地上部隊を防護する任務が与えられていた。さらにソ連軍の攻撃を助けたの

は北欧の夏の太陽で、そのおかげで24時間飛行することができた。

　カレリア地峡の強力な空の無敵艦隊に対して、グスタフ・マグヌッソン中佐の第3飛行団は、第34戦闘機隊から16機のMe109G-6、第26戦闘機隊から18機のブルーステルそして第24戦闘機隊から14機のMe109G-2を集めることができただけだった。第24戦闘機隊は以下のように編成されていた。

1944年6月24日の第24戦隊
司令官　ヨルマ・カルフネン少佐　司令部をスーラ湖に置く
第1中隊　ラウリ・ニッシネン中尉　スーラ湖にあり5機のメッサーシュミットを装備
第2中隊　ヨウコ・ミュッリマキ大尉　スーラ湖にあり5機のブルーステルを装備
第3中隊　ハンス・ウィンド大尉　スーラ湖にあり4機のブルーステルを装備

　攻撃は6月9日に開始された。ソ連軍はすばやくフィンランド軍戦線を突破した後、その敵を撃破して急速に後退させた。10日のうちに侵攻部隊の先鋒は、カレリア地峡を越えてヴィープリの郊外にあった。そして6月20日にヴィープリを占領した後、前進は停止した。これはソ連が新しく勝ち取った領域を確保するためであった。

　攻勢の最初の日、ソ連空軍は延べ1150機が出撃し、その攻撃の激しさでフィンランド空軍を圧倒した。0615（06時15分）からソ連軍の前進を目で確認するため、Me109がペアで上空に送られた。そして100機以上の編隊と3回遭遇し、フィンランド側は1機のIl-4と4機の戦闘機の撃墜を報告した。

　翌日さらに800機の出撃が行われ、第24戦闘機隊は2回の朝の哨戒の間に、11機の撃墜に成功した。第2中隊副官のウルホ・サルヤモ中尉はこの日最も成功を収めたパイロットであり、早朝の出撃で1機のPe-2と2機のLa-5を撃墜し、その後0955から1100（9時55分から11時00分）の哨戒中（MT-227に搭乗）に再び敵と交戦した。後者の行動に関する彼の報告書は以下のようなものであった。

　「貧弱な天候条件のためどこで戦闘が開始されたのか、正確な位置を確定するのは困難であった。私の編隊はキヴェンナパの東、高度600mで12機のPe-2と交戦した。我々は彼らをレンパーラ湖まで追跡した。Pe-2は追跡が進むに連れ徐々に高度を失い、私の目標は、最終的に小さな湖を越えたところで森の中に墜落した。

　「この交戦の後編隊は上昇して分離し、私は基地に戻る途中に単機のエアラコブラに迎撃され、リーヒオの近郊で格闘戦が開始された。

ヴィクトル「イサ＝ヴィッキ」（父ヴィッキ）・ピョツィア准尉は、冬戦争と継続戦争の両者で第24戦隊で行動した、フィンランド戦闘機隊の本当のベテランである。この写真は1944年4月、スーラ湖にて、第1中隊に勤務中に撮影されたもの。彼にはMT-244が割り当てられていたが、実際には彼はMT-235で1944年7月3日にIl-2の防御砲火を受けて撃墜された。彼はひどく損傷したグスタフから脱出する前に、シュトルモヴィークを撃墜した。ピョツィアは意識を失って、ニルヤマーの地上にぶつかり、ソ連の攻勢の生き残りとして病院に運ばれた。「イサ＝ヴィッキ」は437回以上出撃し、その間に19.5機の撃墜戦果を記録した。
（V Lakio）

地上から500mまでの高度での数回の旋回戦闘の後、私は私の目標の後尾に付くことに成功した。敵機は急降下して離れようとした。私は彼を200〜40mの距離で射撃し、長い連射の後、戦闘機のパネルが飛んで、敵機は厚い黒い煙をひき始め、最終的に森の中に墜落した。

「私の機体は1発の12.7mm弾の命中を受けた。弾丸は無線機を突き抜け、燃料タンクの防弾板で停止した」

退却
Retreat

6月11日、第24戦闘機隊はその14機のMe109Gを、スーラ湖から脱出させ、インモラに向かった。部隊が急ぎカレリア地峡から出発するのと同時に天候が悪化し、移動は13日まで続いた。この日たった1回の作戦飛行が行われた──ウィンド大尉の6機の戦闘機は、朝の哨戒の間に、カマリとカウク湖の間で30機の爆撃機と20機の戦闘機を迎撃した。1機のP-39と7機のPe-2の撃墜が報告され、そのうち4機の爆撃機がウィンドのMT-201に撃墜されたものであった。

6月14日、パイロットはいまや日課となった偵察飛行（ペアのメッサーシュミットで遂行された）を行い、作戦を敢行するため2回にわたって敵機と戦って進まざるを得なかった。その過程で6機のロシア軍機が撃墜された。オラヴィ・プッロ中尉（MT-246に搭乗）は、2回ともに朝の偵察飛行を率い、2回目の出撃では、これまで彼が見たことのない敵機の巨大編隊に遭遇した。

「目標に近づく間、私は巨大な爆撃機編隊が、その搭載物をフィンランド戦線に投下するのを目撃した。私はすぐに敵機に向かって急降下した。敵編隊はおよそ100機の爆撃機と同数の戦闘機から構成されていた。サーリネン中尉と私の両者は、ロシア軍戦闘機と交戦した。

「私は2機のLa-5と1機のIl-2の撃墜に成功したが、これらすべてはヴァン

自分たちのメッサーシュミットを受け取る前に、第24戦闘機隊のパイロットは、おなじスーラ湖に基地を置いていた、第34戦闘機隊第1中隊に供給された機体で訓練を行った。第24戦闘機隊のパイロットによって試みられた最初の飛行（1944年3月21日）で、ブルーステルのエースのニルス・カタヤイネン曹長は、離陸時に振れるMe109の癖に捕まった。彼はこれを修正しようとして操縦桿を引いた。機体は浮揚したが、MT-239はそのまま左の翼を落下させ、ぐるっと回って停止した。カタヤイネンは幸運にも、この高速での事故から軽傷を負っただけで脱出した。(E Laiho)

1944年5月にスーラ湖で、陽光の輝く中撮影された第24戦闘機隊第1中隊のMe109G-2 MT-229。この機体はヴァイノ・スホネン中尉に割り当てられたもので、彼は261回の出撃で19.5の撃墜戦果（2機はMT-229のもの）をあげた。6月17日、彼の中隊長の「ラプラ」・ニッシネン中尉はまさにこの機体で飛行し、ウルホ・サルヤモのMT-227の落下する残骸と衝突した。32.5機撃墜のエースは、彼の不時の死の前に、MT-229で2機を撃墜したと報告している。(V Lakio)

第24戦闘機隊の長期間の基地となったスーラ湖には、第二次世界大戦中に部隊が展開した他の（より一時的な）基地では通常見られない多数の装備が拡張整備された。その中でも最も重要で快適な設備は、多数の防風柵である。これは地面を掘り、その後に近くの森から切り倒された丸太を並べたものである。写真の柵はカモフラージュネットで覆われている。下に駐機している機体は、第24戦闘機隊第1中隊のMT-231である。この機体は10.5機撃墜のエース、「カイウス」・メツォラ中尉に割り当てられたものである。彼は継続戦争の間中、同中隊で戦い続けた。彼はMT-231で1機の撃墜（1944年6月17日に1機のII-2）を記録している。
（V Lakio）

メル川とムスタマキの間の戦線の近くに墜落した。爆撃機編隊が最終的に旋回して帰還し、我々は偵察任務を終える機会が得られた。

「最初の爆撃機編隊が去った後すぐに、70機の航空機（3つの集団に分かれていた）の第2波編隊が東から現れた。敵機が前線に近づくにつれて、我が軍の対空砲がロシア軍機にたいして絶え間無く弾幕射撃を行った。そして我々も、残りの弾薬を何機かのPe-2と数機の戦闘機にばらまいて、彼らに勇ましく攻撃を加えた。

「このような大編隊のど真ん中を飛ぶことによって、我々はうまくロシア軍爆撃機上の射手を混乱させた。というのも彼らは2機のメッサーシュミットを彼ら自身の戦闘機と区別するのが極めて困難であったからだ。実際彼らの後部銃手は一度として我々に発砲しなかった」

6月15日、第24戦闘機隊は再び移動し、今度はさらにラッペーンランタの南西にまで移動した。ここに部隊は戦争終結まで留まった。第24戦闘機隊は新しい基地で最初の24時間を、戦闘機の整備に費やした。

ラッペーンランタからの部隊の最初の完全出撃日は、悪い日となった。0620（6時20分）ラウリ・ニッシネン中尉（MT-229に搭乗）は10機のメッサーシュミットを率いて、カルク湖とペルク湖の間で、高度2000mでフィンランド軍陣地に向かうところを発見された、大規模な爆撃機、攻撃機そして

集まったエース達。1944年5月、スーラ湖にて、勝利杖を握った部隊司令官のヨルマ・カルフネン少佐（31機撃墜）が、第24戦闘機隊第2中隊のMT-231の前でカメラにほほ笑んでいる。この写真の他のパイロットは、左から右に、タピオ・ヤルヴィ上級軍曹（28.5機撃墜）、ラウリ・ニッシネン中尉（32.5機撃墜）、アルヴォ・コスケライネン軍曹（5機撃墜）、パーヴォ・コスケラ上級軍曹（3機撃墜）、そしてアウリス・ルンマ中尉（16.5機撃墜）である。Me109G-2MT-213は、16.5機撃墜のエース、エーロ・リーヒカッリオ中尉の乗機である。彼は本機で3機の撃墜を記録している。

1944年5月12日、スーラ湖にて、当直整備員のラウリ・キテノラが、彼の機体のダイムラー・ベンツDB605Aエンジンのイナーシャー・スターター・クランクを回し、第24戦闘機隊第2中隊の「ヨッテ」・サーリネン中尉のMT-221の点火の準備をする。サーリネンは彼の2機のメッサーシュミットでの初戦果をこの機体であげたが、23機撃墜のエースは最終的に6月終わりにBf-106G-6に乗り換えた。彼はMT-452を割り当てられ、その後MT-478に変わった。サーリネンは彼の139回目の出撃（7月18日）に、MT-478で不時着を試みた――グスタフは第159戦闘機飛行中隊（159/IAP）のLa-5に命中弾を受けた――ときに築堤に衝突して死亡した。（SA-kuva）

戦闘機の編隊を迎撃した。ヘイモ・ランピ少尉（MT-235に搭乗）は、ニッシネンの僚機として飛行した。

「我々は最初の降下攻撃のために十分な高度と速度の両者を得るために奮闘して、エンジンのまさに最後の馬力まで絞り出した。私はニッシネンとサルヤモが、サルヤモの編隊が我々のまさに目の前の敵機を攻撃し、一方ニッシネンの編隊が敵編隊を上方から攻撃するためにさらに高度をとるよう試みることで了解したのを聞いた。

「我々はロシア軍編隊に急降下して襲いかかり突入するときが来るまで上昇し続けた。いまや我々が我らの古い友人、ラーヴォチキンLa-5を攻撃する番であった。私は左に傾けて緩い降下に入り、私の目標を選んだ――4機の戦闘機の編隊である。彼らはすぐに私を撃ち落とそうとして、お互いの後を円になって追う『回転木馬』を作った。

「私がちょうど自分で攻撃しようとしたとき、ニッシネンのメッサーシュミットが私の隣に現れた。彼は私に着いてくるよう手を振った――我々は戦闘により引っ切りなしに交錯する話し声のため、無線機で通話することができなかった。我々の編隊の残りの隊員は、ニッシネンと私が攻撃から離脱したのを見のがした。そして彼らは敵に向かって急降下を続けた。ニッシネンはうなずき急降下に移った。彼の行動に戸惑いながら私は彼に続いた――彼は部隊で最も積極的な戦闘機パイロットであったが、しかし彼は真っすぐロシア機の編隊を飛び越し、彼の下の雲の中に急降下した。私は後で彼が、我々の地上管制員が彼に迎撃を中止しヴィープリの近くの護衛されていない攻撃機の大規模編隊を攻撃するよう話していたのを知った。

「雲の層は100mの厚さしかなかった。私は緊密な編隊を組んで600km/hの速度でそれを突き抜け、水平になったのは雲の下およそ50mであった。私は私の無線機から雲の上では激しい戦闘が起こっているのを聞き、また敵戦闘機がいつでも雲から我々の背後に飛び出して我々を撃墜することができるのに気が付いた。

「目で機尾を見ながら、私は雲から私の隊長のすぐ上に突然落ちて来たメッ

第24戦闘機隊第3中隊のマルッティ・サロヴァーラ中尉は、1944年5月12日にスーラ湖で発生した事故で死亡した。サロヴァーラは離陸を始める前に、エンジンが適切に作動しているかチェックするためにまだブレーキを解除せずに、スロットルを開けた。これによってサロヴァーラ（右側のMT-236に搭乗）は、猛烈な土埃を巻き上げた。MT-242に乗ってサロヴァーラの後から離陸滑走しようとしていたレオ・アホカス上級軍曹は、この埃を見てすでにサロヴァーラが加速して芝生の滑走路に進んだと考えた。彼はそのまま乗機のスロットルを開き、まだ止まっていたサロヴァーラのメッサーシュミットに衝突し、MT-242はMT-236に乗り上げ、プロペラはグスタフのコクピットに突き刺さった。マルッティ・サロヴァーラは即死した。両方の機体ともにこの事故でひどく損傷し、この後抹消された。（SA-kuva）

1944年5月12日、スーラ湖にて暖気する第24戦闘機隊第2中隊のMT-213。この機体は実際に、ドイツ空軍の「グレイ」にフィンランド空軍スタンダードのブラック／グリーンの迷彩スキムが上塗りされた、少数のMe109Gの1機。この部隊で飛ばされたすべてのメッサーシュミットは、国籍マーク用の白円がトーンダウンされている特徴を持つ。これは1944年1月12日に導入されたものである。（SA-kuva）

サーシュミット戦闘機の出現にびっくりした。その機体は左翼がなく、石のように落下した。私がいかなる退避機動もとる前に、その戦闘機はニッシネンの機体の真ん中にまっすぐ衝突し、両方のMe109は何千もの破片に砕け散った。2つの黒い固まり――戦闘機の燃えるエンジン――が、翼、尾部そしてその他のばらばらになった胴体部品より先に地上に落ちた。私はこの衝突に唖然とした。これはたった20m離れて起こったのだ。全くの本能によって、私は私の機体を急降下させた。私はパラシュートを開いたパイロットがひとりでも見つからないかと期待したのだ。私はこうした衝突からだれも生き残ることができないことが完全にわかっていた。しかし私は見つめ続けずにいられなかった。

　ラウリ・ニッシネンのMT-229に衝突した戦闘機は仲間のエースの「ウルッキ」サルヤモの飛ばしていたMT-227にほかならなかった。サルヤモの機体は、第159戦闘機飛行連隊（159.IAP）のLa-5に左翼を撃ち飛ばされるのである。残ったパイロットは、作戦の間に4機のIl-2と4機のLa-5を撃墜していた。しかしこれらは2名のベテランエースの消失とは引き合わなかった。ラウリ・ニッシネンに代わって、ヨエル・サヴォネン中尉がそのまま第24戦闘機隊第1中隊の中隊長代理となった。

　6月18日、部隊は長く隊員でそして中隊長であった、エイノ・ルーッカネン――現在彼は姉妹戦隊の第34戦闘機隊を率いていた――が、127番目のマンネルヘイム十字章を授章したことを知った。

　6月19日から、この時期までの損失を補うため、ドイツから新しいMe109G-6が到着し始めた。直接恩恵を受けたのは第24戦闘機隊第3中隊で、中隊はついにその完全戦力の8機を受領した。代わりに中隊はその残存の3機のG-2を第2中隊に引き渡した。

　19日の夕方早く、第24戦闘機隊第2中隊は2機のLa-5を撃墜した。その

少し後、2000（20時00分）、第34戦闘機隊からの8機の戦闘機（第3中隊のプハッカ大尉が率いる）と第24戦闘機隊からの10機の戦闘機（隊長のウィンド大尉が参加）からなる18機の戦闘機編隊は、ヴィープリの近くで何個連隊かのロシア軍航空機を迎撃した。

フィンランド側は6機のPe-2（第58爆撃機飛行連隊（58.BAP）所属）、3機のエアラコブラ（第196戦闘機飛行連隊（196.IAP）所属）、2機のIl-4（第836爆撃機飛行連隊（836.BAP）所属）そして2機のLa-5（第401戦闘機飛行連隊（401.IAP）所属）を損害なしで撃墜した――ウィンド大尉は新しく引き渡されたMe109G-6 MT-439で飛行して3機の撃墜を記録した。

ヴィープリの失陥
Loss of Viipuri

空の戦いは6月20日にその頂点に達した。この日、ロシア軍部隊は戦闘機と地上攻撃機の強力な空の「傘」の支援を受けて、ヴィープリの街路にまで押し寄せた。正午前に2個のメッサーシュミット戦隊はすでに3回も大規模な戦闘に巻き込まれ、35機を撃墜したと報告している。そしてこの日の終わりまでには、さらに5回の戦闘が生起し、フィンランド側はさらに16機の戦果を加え、20日の全戦果を51機に伸ばした――31機が第24戦闘機隊で20機が第34戦闘機隊の戦果であった。

多数の損害を被った部隊は、Yak-9を装備した第14親衛戦闘機飛行連隊（14.GIAP）、La-5を装備した第159戦闘機飛行連隊（159.IAP）、エアラコブラ部隊の第196戦闘機飛行連隊（196.IAP）そしてIl-2連隊の赤旗勲章受章バルト海艦隊第943および第35突撃飛行連隊（943.,35.ShAP,KBF）である。

第24戦闘機隊のこの日の第一位の戦果は、ハンス・ウィンド大尉（MT-439に搭乗）とオラヴィ・プッロ中尉（MT-201に搭乗）で、両者は2回の出撃中に共に5機撃墜を報告した。そしてエーロ・ハロネン軍曹（MT-241に搭乗）は2回の出撃で4機を撃墜した。

第24戦闘機隊は21日にさらに6機、そして22日には9機の撃墜を報告したが、22日にエルッキ・ニッシネン少尉（MT-442に搭乗）が、タリ上空で第14もしくは第29親衛戦闘機飛行連隊（14,29.GIAP）のYak-9に撃墜され戦死した。

ヴィープリの占領の後、ソ連軍はその部隊を再編成し、この地域で機甲部隊が使用するのに唯一適した道路を通って、タリとイハンタラの方向に西へと向かった。イハンタラ村はソ連軍にとってじゃまな障害であることがはっきりし、フィンランド軍はソ連軍の前進をその場で停止させた。実際この地域でのソ連軍の損害は極めて大きく、戦後ソ連政府は村にここで戦死し

右頁● 1944年5月12日、スーラ湖にて、第24戦闘機隊第3中隊の「ユッシ」・フオタリ曹長が、MT-240のコクピットに潜り込む準備をしている。彼は後にG-6 MT-440を割り当てられ、この機体で6月終わりと7月初めに5機撃墜の戦果をあげた。フオタリは継続戦争を通じて第3中隊に勤務を続け、291回の出撃を遂げ17.5機の撃墜を記録した。（SA-kuva）

1944年5月12日、スーラ湖にて、戦闘の間でリラックスした様子の、第24戦闘機隊第2中隊の後のトップスコアエースの全4名。左から右にタピオ・「トッピ」・ヤルヴィ上級軍曹（28.5機撃墜）、オラヴィ・「オッリ」・プロ中尉（36機撃墜）、ヨルマ・「ヨッテ」・サーリネン中尉（23機撃墜）、そしてエーロ・「リーヒ」・リーヒカッリオ中尉（16.5機撃墜）である。これらのパイロットは、この写真が撮られたときから継続戦争の終結までに30機の戦果をあげ、彼らの合計戦果を104機に増加させた。（SA-kuva）

た6万5000名の将兵に捧げる記念碑を建立したのである。

第24戦闘機隊は地上の彼らの戦友を支援して、フィンランドへの侵攻を行うソ連空軍部隊に、多大な通行料を支払わせた。6月23日、部隊は4回の作戦を遂行して22機の戦果を報告した。ウィンド大尉は、彼のお気に入りのMT-439で1200から1305（12時00分から13時5分）に飛んだ出撃中の4機の撃墜で、再びエースリストのトップに立った。

「午後すぐの哨戒中、私は1ダースのLa-5と交戦した。それらの1機に短い連射を加えた後、敵機は空中で爆発した。私が近距離で射撃すると私の2機目の獲物は煙を噴き始め、そのLa-5はそのままサイニヨの森の中に墜落した。

「その後私はヴィープリに向かういくつかのイリューシン爆撃機の編隊を発見し、すぐに追跡した。それらの2機に射撃して火を噴かせ── 1機はヴィープリに、もう1機はリーマッタに墜落した──、その後私は弾薬を使い果たし、いやいやながら基地に帰還した」

La-5は第11親衛戦闘機飛行連隊（11.GIAP）、そしてIl-4は第113爆撃機飛行連隊（113BAP）の所属であった。

ほとんど絶え間ない72時間の戦闘行動の後、激しい雨が降り両軍のほとんどの航空機は48時間にわたって地上に留め置かれた。フィンランド側は2日間になんとか1回の偵察飛行を行ったが、25日に5機撃墜のエース、第24戦闘機隊第2中隊長のヨウコ・ミュッリュマキ大尉はMT-221で偵察飛行から帰れなかった。前線は低い雲に覆われており、彼は作戦を遂行するためには非常に低空で飛ばねばならず、その結果彼の機体は梢に引っ掛かり高速で地上に激突した。それで同僚のエースのアウリス・ルンメ中尉が、そのまま第2中隊長代理となった。

6月26日、天候の回復によって戦闘の短い休止期間は終わりとなり、昼前には第2中隊はタリで部隊を妨害しているのを発見された、第566突撃飛行連隊（566.ShAP）の10機のIl-2を迎撃した──それらの半分がすぐに撃墜された。午後早く、第24戦闘機隊第2中隊は、上空にシュトルモヴィークが現れたためフィンランド軍部隊によって再びこの地域に呼び戻され、このとき

1944年6月29日、ラッペーンランタにて、野外で整備中の第24戦闘機隊第1中隊のMT-231「黄色の1」。この機体は10.5機撃墜のエース、カイ・メツォラ中尉に割り当てられたもので（彼は6月17日にこの機体で1機のIl-2の撃墜を報告した）、彼は部隊にいる間に296回出撃した。機体番号の位置が、コクピットのすぐ前であり、これはこの機体が第1中隊に配備されたことを示している。このマーキングシステムは、最初は1944年5月22日から、第3飛行団に配属された戦闘機部隊に使用されたが、最終的にフィンランド空軍すべてに適用された。（SA-kuva）

は4機のIl-2が撃墜された。同じ日、後で第3中隊はヴィープリおよびタリ上空で、2時間の間に2回、第14親衛戦闘機飛行連隊 (14. GIAP) のYak-9と交戦した。6機のソ連戦闘機が撃墜され、そのうち5機はMT-439に乗ったウィンド大尉によって撃墜された。

　フィンランド軍戦闘機隊にとっての偉大な日を祝って、飛行団長のグスタフ・エリク・マグヌッソン中佐は、26日に129番目のマンネルヘイム十字章を授与された。彼はフィンランドの最高軍事勲章を授与されるのに最もふさわしい受章者であった。彼は個人で1943年秋に戦闘機隊の指揮統制システムを作り上げたのである。

1944年6月29日、ラッペーンランタにて、エンジンの暖気を行う、第24戦闘機隊第1中隊のMe109G-6「黄の6」。この機体はオスト・レスキネン少尉の乗機であった。彼は彼の唯一の戦果をまさにこの日に報告した――彼はヴィープリの東のノスクアンセルカ上空でYak-9を撃墜した。最後のソ連の攻勢における激しい戦闘中には、全戦隊は4名のパイロットをその機体とともに、一日24時間出撃待機状態に置いた。(SA-kuva)

　いかなる効果的なレーダー探知システムも保有していなかったので、マグヌッソンは代わりにそれぞれ無線機を装備して戦略的に配置された一連の監視哨ラインを設置した。最終的に彼はラッペーンランタの飛行団の指揮所に、ロシア軍の暗号を解読する技術に習熟した通信情報要員を配置した。これら各種の要素の組み合わせが、圧倒的な数差にもかかわらずフィンランド戦闘機部隊の驚くほどの成功の鍵となった。

　6月28日、第24戦闘機隊は全ソ・フィン戦争を通じて最も成功を収めた一日となった。フィンランド軍パイロットは5回の出撃で33機の撃墜を報告し、これにたいして損害は皆無であった。戦闘は0900（9時00分）に始まった。ウィンド大尉に率いられた11機のメッサーシュミットは、タリに向かう20機のPe-2と20機のIl-2および何ダースかの戦闘機を迎撃した。フィンランド側は8機のIl-2と2機のRe-2そして1機のLa-5を撃墜したが、5.5機撃墜のエースのコスティ・ケスキヌンミ軍曹が、乗機 (MT-437) をヌイヤマー上空で被弾し胴体着陸を敢行せざるを得ず彼は負傷した。

　90分後、2機のMe109が地上のロシア軍先鋒の位置を同定するために策定された特別な偵察作戦のため離陸した。ニルス・カタヤイネン曹長のこの作戦の戦闘報告書が物語っている。

「特別偵察作戦のためウィンド大尉の僚機を勤めているときに、私は20機の戦闘機によって攻撃された。私は1機のエアラコブラを射撃し、この機体は炎に包まれた――ウィンド大尉は敵機が燃えるのを見ていた。

「私は命運尽きたように思えたP-39の追跡から離れ、高度をとるため上昇した。その後私は別のエアラコブラを発見し、射程距離まで近づいた。何連射かの後、敵戦闘機は燃え上がったが、私はそれが墜落するのは見なかった。すぐ近く、タリのすぐ南で、私は観測気球を認めた。それで私は対空弾幕を通って急降下し、それに火を噴かせて撃ち落とした。

「味方領域に低空で戻る間、私は7機のIl-2を左下方に見た。彼らがタリ直上を通過する間に私は彼らの下に真っすぐ飛んで、なんとかそれらのイリューシンの1機に狙いを定めた。その機体は煙の尾を曳いて地上にぶつ

かり、停止して爆撃機は火を噴き出した。私は2機目のIl-2を射撃したが、この攻撃中に弾薬を撃ちつくしてしまった。

「私はウィンド大尉が1機のYakを撃墜したのを目撃した。私のMT-436は損害を被らなかった」

ウィンドは実際3機のYak-9（この機体を僚機は間違ってP-39と識別した）を撃墜したが、その後弾丸がMT-439のコクピットで炸裂し彼はひどく負傷した。出血でほとんど意識を失いながらも、彼はなんとか機体を基地に持ち帰った。そこで救急処置を受けた後、彼を野戦病院に連れて行く輸送機を待つ間に、短い戦闘報告書を記した。

「我々の作戦目標の途中で、我々がユースティラ上空を飛行していたとき、20機のYak-9に攻撃された。生き残るために戦わざるをえず、私は2機を撃墜したが、3機目のYakに狙いをつけたとき、別の戦闘機が横と後ろから私に射撃した。私は左腕をひどく怪我したが、なんとか機体を基地へと戻すことに成功し、力をふりしぼって着陸を遂行した」

302回の出撃により75機の確認戦果を持つ、第24戦闘機隊のトップエースのハンス・ウィンドにとって戦争は終わった。第34戦闘機隊の同僚の高位エースのイルマリ・ユーティライネン准尉もまた、侵攻の開始以来ソ連空軍の隊列をなぎ倒し続けており、彼とウィンドの両者はこの日マンネルヘイム十字章を2回授章した──両者の勲章ともに番号はない──最初の人物となった。彼らはまたソ連との戦争中、たった2名の2回授章者でもあった。

同じく6月28日の戦闘で、第24戦闘機隊第1中隊はタリ上空でIl-2 4機とYak-9 2機を撃墜し、第2、第3中隊も同じ地域でロシア機の大規模編隊と二度交戦し、12機の撃墜を報告した。ハンス・ウィンドの負傷の1時間後、

上●1944年6月29日、第24戦闘機隊第1中隊のMT-455「黄の2」が、エンジンカウリングを開けて、次の作戦の準備をしている。機体は基地に繁茂したモミの木の下に駐機している。MT-455は5機撃墜エースのアルヴォ・コスケライネン軍曹に割り当てられた。彼は彼の唯一の戦果（Pe-2）を、まさにこの写真が撮られた日にこの機体で地峡上空で記録した。同機は7月9日にラッペーンランタで同僚のエースのカイ・メツォラ中尉（10.5機撃墜）の着陸事故によって除籍となった。この事故はパイロットが完全に過労となったことに起因したものであった。（SA-kuva）

下●このペトリャコフPe-2爆撃機は、1944年夏に赤旗勲章授章バルト海艦隊第12親衛急降下爆撃機飛行連隊（12.GPAP,KBF）に配備された機体である。レニングラード地域を基地としたこの部隊は、ソ連軍の攻勢中に第24戦闘機隊の手で大損害を被った。しかしこの短く血みどろの夏季戦役中のメッサーシュミットパイロットの、第一の目標はIl-2であった。同機はフィンランド陸軍の悩みの種だった。（G E Petrov）

1944夏、カレリア地峡ではおなじみの光景。このIl-2はキィヨスティ・カルヒラ中尉の19機目の戦果で、彼は6月21日にヴィープリの北西のティエンハーラでイリューシンを撃墜した。本機は第703突撃飛行連隊（703.ShAP）（第281突撃飛行師団所属）に配備された機体で、そのパイロットのМ・I・ベルレエフ中尉は、フィンランド軍部隊に捕まった。彼の銃手の運命は不明のままである。(SA-kuva)

29.5機撃墜のエース、「エンップ」・ヴェサ上級軍曹のMe109G-6（MT-438）もまた、ペアのIl-2を撃墜した後、敵砲火が命中した。オイルクーラーを撃たれて戦闘機のエンジンは止まり、ヴェサはユースティラに胴体着陸せざるをえなかった。同じ日遅く、25機撃墜のエース、「オッリ」・プッロ中尉も、榴霰弾で両足を負傷したが、MT-449を基地に持って帰ることに成功した。彼は2週間後に部隊に戻り、さらに11機撃墜の戦果をあげた。

6月28日にソ連軍は20機以上の航空機を失ったことが知られる。そこには第14、第29親衛戦闘機飛行連隊（14.,29.GIAP）のYak-9、第159戦闘機飛行連隊（159.IAP）のLa-5、第196戦闘機飛行連隊（196.IAP）のエアラコブラ、第448、第566親衛突撃飛行連隊（448.,566.ShAP）のIl-2が含まれていた。3機の「マスタング」もまた、第24戦闘機隊によって報告されたが、ソ連軍戦闘機に関する以前の識別の誤りと同じく、これはほとんど確実にYak-9かYak-9Dであろう。

この激しい戦闘の期間は29日の0720（7時20分）まで続いた。このときミッコ・パシラ中尉（MT-238に搭乗）は6機の戦闘機を率いてタリ上空の哨戒に出撃した。彼はその途中で180機以上のロシア機が、第34戦闘機隊第3中隊の11機のMe109Gと格闘戦を演じているのを発見し、彼はすぐに支援に駆けつけた。両方の戦隊が協同して4機のPe-2と2機のYak-9、1機のLa-5、そして1機のIl-2を撃墜し、引き換えに第24戦闘機隊のアフティ・ライティネン中尉が失われた。

この12機撃墜のエースは、前日4機を撃墜していたが、第159戦闘機飛行連隊（159.IAP）のLa-5に撃たれ、MT-439（以前ハンス・ウィンドの乗機だった）から脱出した。アフティ・ライティネンはイハンタラの近くに着地し、すぐ捕虜となった——彼はクリスマスに休戦協定の一環で解放された。ライティネンはウィンドのメッサーシュミットで、部隊の筆頭エースがこの機体でひどく負傷した後、ちょうど24時間だけ飛行したという事実は、砲弾は機体よりもパイロットに大きな損害を与えたことを示している。

ここにアフティ・ライティネンが彼の最後の作戦について記述している。

「ヘラヴァ軍曹が私の僚機として飛び、私はユースティラに向かっ

1944年夏にはそれほど見られることのない光景である。第24戦闘機隊第3中隊のMe109G-6 MT-437「黄の9」は、6月28日の戦闘で損傷を受け、その負傷したパイロットの5.5機撃墜のエース、コスティ・ケスキヌンミ軍曹は、ヌルヤマーに不時着した。機体は実際には同僚のエース、レオ・アホカス上級軍曹に割り当てられたもので、彼は189回の出撃で12機の撃墜戦果をあげた——ケスキヌンミの本機での唯一の戦果（La-5）は6月20日のものである。機体の損傷した尾翼に微かに見えているのは、1944年6月7日に公式の部隊エンブレムとして第24戦闘機隊に採用された、あまり見られない黄色い山猫の頭の記章である。このマークは1944年5月に、第3飛行団が行ったコンテストの結果として、新しい戦隊エンブレムとなったものである——6月7日、第3飛行団司令官のマグヌッソン中佐は、黄色い山猫の頭を第24戦闘機隊に採用した。このマークを記録した写真は1975年まで知られていなかった。(SA-kuva)

エアラコブラを装備した第196戦闘機飛行連隊（196.IAP）は、1944年夏季攻勢時に第275戦闘機飛行師団（275.IAD）に配属された戦闘機連隊のひとつであった。P-39N「銀の24」は、フィンランド占領作戦最高潮時に、レニングラード地域の基地で燃料補給をしているところ。師団マーキングは、銀に塗装された機体番号、方向舵、スピナーである。（via C-F Geust）

1944年6月10日、ラッペーンランタにて、第24戦闘機隊第3中隊のパイロットが、中隊写真の撮影のためポーズをとっている。左から右に、ペル＝エリカ・オフルス中尉（2機撃墜）、ヨルマ・サーリネン中尉（23機撃墜）、中隊長のキィヨスティ・カルヒラ中尉（32機撃墜）、コスティ・コスキネン軍曹（2機撃墜）、レオ・アホカス上級軍曹（12機撃墜）、エミル・ヴェサ上級軍曹（29.5機撃墜）、エルッキ・エスタマ少尉、ヨウコ・フオタリ曹長（17.5機撃墜）、そしてリスト・ヘラヴァ軍曹（4機撃墜）である。ヘラヴァはこの集合写真が撮られたちょうど24時間後に、ヘイノヨキ上空で第196戦闘機飛行連隊（196.IAP）のP-39に撃墜（MT-440に搭乗）された。ヘラヴァはすぐにロシア軍部隊に捕らえられた。（SA-kuva）

た。そこにはロシア軍機が観測された。4000mの高度で町を飛び越えると、私は50機以上のLa-5とYak-9戦闘機に護衛された、100機以上のPe-2を発見した。

「私がPe-2を攻撃しようと急降下したとき、私はLa-5が横滑りして私の後ろにつくのを見落とした。敵機は近距離から私の機体に連射を加えた。胴体に命中した20mm弾の1発の榴霰弾が私の左足にあたった。私はすぐにメッサーシュミットの機首を振って、垂直降下に移した。さらに多数の弾丸がコクピットとエンジンに命中し、機体は火に包まれた。私の損傷した機体はいまやコントロール不能となり、私はキャノピーを外して、何回か失敗した後ようやく、燃えながら東に向かって800km/hで猛烈に飛ぶ機体から飛び出した。私は2000mでコクピットから抜け出したが、尾翼に激しくぶつかり右腕と足を折ってしまった。私はこのとき頭も打ち付け、意識を失ってしまった。全く奇跡的に私のパラシュートはすぐに開き、私はまだ完全に意識を失ったまま着地した。

「私はフィンランド軍とロシア軍の戦線の間に着地し、ソ連軍が最初に私を捕まえた。彼らは彼らの塹壕の中のカンヴァス製テントの下に引き入れた。救急処置を施された後、彼らは私を野戦包帯所に連れて行った。そこで私は尋問された。これが終わると、私はR-5に乗せられレニングラードの野戦病院に送られた。私の傷が癒えた後、その後6カ月間私は各所の捕虜収容

1944年6月30日、ラッペーンランタにて、第24戦闘機隊第3中隊のニルス・カタヤイネン曹長が、Me109G-8製造番号200041で、芝生を横切り滑走する。このすぐ後、彼は出撃のため離陸しII-4を撃墜、彼の総戦果を30.5機に増加させる。カタヤイネンはフィンランド空軍に供給されたたった2機のG-8のうちの1機で、たった5日間――6月29日から7月3日まで――で8機の撃墜を報告している。後でこのグスタフは、パイロットが別のヤコブレフ戦闘機を撃墜した後に、Yak-9にひどく撃たれた。カタヤイネンにはヌイヤマーに不時着する以外にほとんど選択の余地はなかった。損耗の補充として供給されて、ほんの短い期間前線にあっただけだった。実際その運用期間はあまりに短く、ラッペーンランタの地上整備員はG-8の引き渡し時のマーキングを塗り替える機会すらなかった――フィンランド空軍の機体番号のMT-462は、実際機体のコクピットの後方にチョークで描かれている！（SA-kuva）

所で過ごした」

　それぞれ24時間もおかずハンス・ウィンドとアフティ・ライティネンが失われた後、第24戦闘機隊第3中隊の中隊長代理には、20機撃墜のエース、キィヨスティ・カルヒラ中尉が就任した。

　部隊は6月30日も高い戦果をあげ続けた。この日1045から1200（10時45分から12時ちょうど）の間にその7機の戦闘機は第34戦闘機隊の8機のMe109Gとともに、タリおよびイハンタラのフィンランド軍陣地を攻撃している200〜300機の敵機のうちの15機を撃墜した。第14親衛戦闘機飛行連隊（14.GIAP）と第404戦闘機飛行連隊（404.IAP）はYak-9を失ったのが知られ、エアラコブラを装備した第403戦闘機飛行連隊（403.IAP）、II-2を装備した第872突撃飛行連隊（872.ShAP）、そしてII-4を装備した第113爆撃機飛行連隊（113.BAP）も同様であった。

　まるまる3週間もの戦闘行動にもかかわらず、7月1日朝、第24戦闘機隊はまだ23機の運用可能なメッサーシュミットを有しており、その夕刻さらに4機の新品のG-6がラッペーンランタに到着した。

　夏の夜の明るさをフルに利用して、部隊は第24戦闘機隊第3中隊に、1日の0400から0500（4時ちょうどから5時ちょうど）の間に、テイカル島の近くでフィンランド湾を航行する部隊輸送船の上空護衛の任務を与えた。哨戒の途中、13機のLa-5に護衛された10機のII-2がフィンランド側船舶の攻撃を試みたが、4機のMe109によってすばやく追い払われた。残りのメッサーシュミットのパイロットは、ラーヴォチキン戦闘機と交戦し、そのうちの4機を撃墜した。

基地襲撃
Base Raids

　ラッペーンランタの第24戦闘機隊とタイパル島の第34戦闘機隊の両者は、インモラのドイツ空軍部隊同様、6月中ソ連の注意をひかなかった。しかし7月2日の1955（19時55分）、20機の戦闘機に護衛された35機のPe-2と40機のII-2がラッペーンランタを攻撃した。幸運にも第24戦闘機隊は無線情報によって襲撃が差し迫ったとの警報を受け、飛行場が攻撃を受けるちょうど30分前に、新たに燃料、弾薬を補給した11機のMe109Gを離陸させることができた。しかしこれらの機体は囮（おとり）の編隊に惑わされて、主編隊から引き離されてしまい、その結果ソ連軍爆撃機は妨害を受けることなく彼らの装備を投下することができた。

1944年6月19日、ドイツ空軍の第10輸送航空団のサボイア・マルケッティ S.81［訳註：1935年初飛行。民間輸送機サボイア・マルケッティ S.73の軍用型爆撃機バージョン。3発式で固定脚で、ドイツの Ju52に比すべき機体である。1940年頃には旧式化し、以後は本来の輸送機として使用された。ドイツ軍が使用しているのは、イタリア降伏後捕獲したものである。全長17.80m、全幅24.00m、総重量9300kg、最高速度340km/h。エンジン：ピアッジョ P.X.RC35（680馬力）3基、武装：7.7mm機関銃5挺、爆弾1000kg。乗員6名］がラッペーンランタに飛来し、シンス・ウィンド大尉と第24戦闘機隊第3中隊の他の何名かのパイロットを乗せて行った。ここから彼らはドイツのインスターブルクへ飛び、そこで少数の新しい Me109G-6を集めた。すぐにフィンランドにとって返し、中隊は同じ日の夕刻には新しい戦闘機で行動し、ウィンド大尉（MT-439に搭乗）は3機の戦果を記録した。写真では特派員のエリク・ブロンベルグが、第3中隊長に S.81への搭乗を手伝ってもらっている。（SA-kuva）

Me109G-6/R6カノーネンボーテ（カノンボート）MT-465「黄の7」は、翼下のゴンドラ［訳註：機関砲を覆うフェアリングの形状から「ゴンドラ」と通称される］に追加の2挺の20mm機関砲が装備されドイツから引き渡された14機のグスタフの1機。第24戦闘機隊第2中隊に配備された。写真は1944年7月、ラッペーンランタでのもの。この機体は搭乗パイロットのアッテ・ニュマン中尉の急ぎの注文で、そのかさばるガンポッドが取り外されてしまった。フィンランド軍パイロットは、戦闘機の標準の20mm機関砲と13mm機関銃で近距離攻撃に対する任務には十分すぎる能力があると考えていたので、同じくほとんどのカノーネンボーテは、そのかさばる翼下機関砲を取り外されている。この点を証明するかのように、ニュマンは彼の5機目で最後の戦果（1機のIl-2）を、6月29日にまさにこの機体であげている。第24戦闘機隊での18ヶ月の勤務で、彼は150回の出撃を行っている。（A Nyman）

第2中隊の編隊は、敵爆撃機が攻撃したときちょうど哨戒を終えてラッペーンランタに帰還したところであった。野外で捕まって MT-246と MT-450が破壊され、他の機体が4機軽い損傷を被った。基地にいた第48偵察機隊の2機の捕獲 Pe-2写真偵察機もまた全焼した。

第34戦闘機隊の8機の Me109も襲撃に対応して緊急発進し、離陸後5分以内にラッペーンランタ上空に到達した。囮編隊に引き寄せられたパイロットもすぐに誤りに気づき、第34戦闘機隊に加わり、彼らの基地を攻撃している脆弱な Il-2の列を攻撃した。2つの部隊は合わせて、第448、第703そして第872突撃飛行連隊（448.,703.,872.ShAP）の11機のイリューシンの撃墜を報告した。フィンランド軍パイロットは、いまや引き返しつつあるソ連軍編隊を東にヴィープリを越えて追いかけ、さらに4機の第276爆撃機飛行連隊（276.BAP）の Pe-2と1機の Yak-9を撃墜した。

猛烈な攻撃にもかかわらず、ラッペーンランタのフィンランド軍もインモラ（同時に襲撃された）の近くのクールメイ戦闘隊（ドイツ軍部隊）も、その戦闘哨戒能力は大きなダメージを受けなかった。

7月初めまでにロシア軍の攻勢はタリおよびイハンタラの近くで停止し、ソ連軍は代わりに彼らの最後の攻撃をもっと東のヴオサルミとアイラパーの間

で発動することを選んだ。新しい部隊がヴオクシ川を越えてあふれ、ヴィープリ湾の西岸に小さな橋頭堡を確立することに成功した。この拠点はすぐに砲兵射撃、爆撃の集中目標となり、戦いはまるまる3週間も続いた。その後ソ連軍はヴィープリ湾を越えて後退し、カレリア地峡での攻勢は停止した。

ソ連軍は7月3日、最後の攻勢を発動した。そしてまさにこの日、9機のMe109G（ヨエル・サヴォネン中尉が率いた）が、タリとイハンタラの間で40機のⅡ-4、40機のⅡ-2、そして30機の護衛戦闘機と交戦した。ここではロシア軍は頑張り抜き、たった1機の爆撃機と2機の戦闘機を失っただけだった。これにたいしてフィンランド側は、19.5機撃墜のエースのヴィクトル・ピヨツィアが、彼と彼のMe109G-2（MT-235）に第277突撃飛行連隊（277.ShAD）の防御砲火を受けて撃墜された。冬戦争のベテランはイリューシンの撃墜を果たして、それからパラシュートでフィンランド領域に降下した。

少し後で、「コッシ」・カルヒラの中隊は同じ地域を哨戒しているとき、10機のLa-5に護衛された「たった」15機のシュトルモビクに遭遇した。サヴォネンの部下達がこの日の早くに交戦したときよりも数的に優勢であることを享受して、フィンランド軍パイロットは、すぐに3機の襲撃機と4機の戦闘機を撃墜した。ロシア軍は、第448および第872突撃飛行連隊（448.,872.ShAP）のⅡ-2と、第14、第29、第159、そして第191戦闘機飛行連隊（14.,29.,159.,191.GIAP）の戦闘機も撃墜された。しかし中隊はまた、1機のMe109を失った。この日「ニパ」・カタヤイネン曹長のMT-462は命中弾を受け、エースは彼の機体を胴体着陸させた——カタヤイネンはこの交戦中に4機の撃墜を報告し、彼の戦果は34.5機となった。同じ3日に、アーテ・ラッシラ大尉とエリク・テロマー中尉は、それぞれ公式に第1、第2中隊の指揮を任された。

7月4日はしばらく激しい雨が降り、第24戦闘機隊にはいくらかの休息となった。しかし1回の迎撃と1回の爆撃機護衛作戦が行われ、部隊は2機の戦闘機と1機の地上攻撃機を撃墜する成果をあげた。翌日カルヒラ中尉8機のMe109を率いてコイビストの近くで前線の掃討を行った。ここで第13艦隊戦闘機飛行連隊（13.KIAP）の1ダースのYak-9に護衛された、赤旗勲章受章バルト海艦隊第13砲兵射撃管制部隊（13.AAE,KBF）のシュトルモヴィークと

たった2機フィンランドに供給された、写真偵察装備付きのMe109G-8の2枚目の写真。MT-483はそのカメラを撤去され、第24戦闘機隊第1中隊でもっぱら迎撃機として運用された。1944年6月12日にフィンランドに空輸され、第1中隊長のアーテ・ラッシラ大尉に割り当てられた。写真はドイツから飛来したすぐ後にラッペーンランタで撮影されたもの。MT-483はフィンランドへの到着が遅かったため、非常にわずかな作戦しか行わなかった。（J Hyvönen）

1944年6月30日、ラッペーンランタにて、ニルス・「ニパ」・カタヤイネンが、MT-462の出発を前にして彼の地図をチェックしている。継続戦争のほとんどの期間（彼は1942〜43年に7カ月間、海上哨戒部隊で勤務を済ませた）同部隊に勤務した第3中隊のベテランパイロットのカタヤイネンは、1944年7月5日、戦闘によって損傷を被った後、MT-476を高速で地上に激突させて、その前線勤務のキャリアを終えた。35.5機撃墜のエースは不時着で重傷を負い、戦争の残りの期間を病院で過ごした。カタヤイネンは戦闘出撃回数196回のベテランで、1944年12月21日にマンネルヘイム十字章を授章した唯一の予備役召集パイロットであった。(SA-kuva)

交戦した。1個編隊が襲撃機を攻撃し、このうち2機を撃墜。残りの4名のパイロットは護衛機と戦い3機の戦闘機を撃墜した。

しかし再び第24戦闘機隊は無傷ではすまなかった。カタヤイネン曹長のMT-476に、1発の機関砲弾が命中したのだ。エースはちょうどYak-9を撃墜したところだったが、弾丸は彼の頭上の装甲板で炸裂し、彼はほとんど失神した状態だった。彼はかすかな意識で本能によってラッペーンランタに針路をとった。そこで彼は500km/hの速度で機体を胴体着陸させようと試みた。機体は地上のでこぼこにぶつかり、200mも飛び上がり、それから再び地上に衝突した。今度は跳びはねた距離は短く、機首を突っ込んでそのまま弾き飛ばされた。エンジンは壊れて外れ、機体の残りの部分は地上を滑走して止まり、パイロットは残骸から放り出された――救急隊は土と泥にまみれ意識を失った彼を発見した。しかしカタヤイネンはまだ生きていた。彼の戦争は終わった。

7月6日から8日まで、第24戦闘機隊は一連の爆撃機護衛作戦を遂行し、この時期にさらに6機の撃墜を報告した。その後9日の午後に、ヴェイッコ・アラ＝パヌラ大尉（一時的に第28戦闘機隊から任務についていた）は、7機のメッサーシュミットを率いて、地上部隊を支援してアイラパーを掃討した。編隊は目標上空で、第14親衛戦闘機飛行連隊（14.GIAP）の8機のYak-9に迎撃され、短い戦闘の後ロシア機は数を3機減らして引き上げた。何時間か後、同様の作戦を遂行中、ヴァイノ・スホネン中尉の8機のMe109は11機の戦闘機の混成群と交戦し、1機のLa-5と1機のYak-9を撃墜したと報告した。

7月10日昼、8機のメッサーシュミットは、再びアイラパーの周辺を歩兵戦闘の支援のため飛行した。今度は彼らは15機の戦闘機に迎撃された。そして再びフィンランドの勝利が現出し、5機のLa-5と1機のYak-9を撃墜したと報告した～第3中隊長のカルヒラ中尉（MT-461に搭乗）はそれぞれ1機ずつを記録した。

この日の最後の出撃では、アラ＝プナラ大尉は12機の戦闘機を率いて、アイラパーへの爆撃機護衛作戦を行った。爆撃機が目標に近づいたとき、20機のソ連戦闘機が迎撃しようとした。しかしフィンランド軍パイロットは彼らの前に立ちはだかり、6機のLa-5を迎撃した。「オッリ」・プロ中尉（MT-479に搭乗）は3機の撃墜を報告した。彼の成果については第2中隊の副官が部隊日記に短切に書いている。

「プロ中尉は彼の中隊に、足をギブスで固め血に飢えて帰ってきたのだった」。第159、第191戦闘機飛行連隊（159.,191.IAP）の両方の部隊が、損害を被ったことが知られている。

11日、カルヒラの中隊は、アイラパーへの爆撃機を二度護衛し、1機（La-5）

がMT-461に乗った中隊長に撃墜された。午後の作戦では、爆撃機が目標へ到達することを防ぐために、ソ連戦闘機はより集中した努力を行った。護衛機は2機のYak-9を撃墜したが、リスト・ヘラヴァ軍曹は、第196戦闘機飛行連隊（196.IAP）のエアラコブラから一連の命中弾を受けて、MT-440を脱出せざるをえなかった。彼はすぐに捕らえられた。

7月12日には出撃はなかった。そしてそれに続く48時間の間、さらに2回の護衛作戦が行われたが交戦は生じなかった。第4飛行団のささやかな爆撃機戦力を護衛することは非常に重要な任務であり、パイロットはソ連戦闘機の後を追うことは制限されていた。通常は自由な精神のメッサーシュミットパイロットは彼らの責務を理解しており、彼らはこの作戦をこの戦役期間中に、カレリア地峡上空で1機の爆撃機も敵戦闘機によって撃墜されないというすぐれた技量を見せて遂行した。

15日は大規模な格闘戦が、ほぼ同数の敵戦闘機との間に生起した最後の日となった。2つのメッサーシュミット戦隊は、5つの作戦行動の中で12機のソ連航空機を撃墜したことを報告している。その最初はアイラパー上空で生起したもので、第24戦闘機隊（第2、第3中隊）のMe109も含まれていた。20機の戦闘機に護衛されたⅡ-2の中隊が発見され、第7親衛突撃飛行連隊（7.GShAP）の1機のシュトルモヴィークと第14親衛戦闘機飛行連隊の4機のYak-9が撃墜された。

3日後、30機の爆撃機を護衛した16機のMe109が再びアイラパーの爆撃機に送られた。町の近くで第159戦闘機飛行連隊（159.IAP）の6機のLa-5が爆撃機に急降下攻撃を仕掛けた。だがカルヒラ中尉の8機の戦力の編隊が介入し2機のラボーチキンを始末した。しかし第3中隊副官で23機撃墜のエースのヨルモ・サーリネン中尉が、1機のLa-5を撃墜した後すぐ交戦中に命中弾を受けた。サーリネンは乗機（MT-478）を近くの野原に胴体着陸させることを決めたが、開けた地上を通る道路を見落とし土手に激突して死亡した。彼は第24戦闘機隊で戦死した最後のパイロットとなった。

この午後、部隊はアイラパーへの最後の護衛作戦で飛行し、16機の戦闘機が24機の爆撃機を守って町を爆撃したが、交戦はなかった。

1944年7月13日、ラッペーンランタにて撮影。MT-461のコクピットに収まってポーズをとるキヨスティ・「キョッシ」・カルヒラ中尉。彼はこの写真が撮られたときから、ちょうど2週間第3中隊の指揮官を勤めた。そして彼は続いて7月21日に第30戦闘機隊第2中隊の指揮官に任ぜられた。カルヒラはMT-461に翼下機関砲を維持する方を選んだ。彼はこれを用いて304回の出撃で稼いだ32.5機のうちの8機の戦果をあげた。（SA-kuva）

1944年6月30日、ラッペーンランタにて撮影。MT-460のコクピットに収まりベルトを締めた、何もかも見通す「氷のような目」のエース、エミル・「エンップ」・ヴェサ上級軍曹。彼は1941年12月3日から戦争が終わるまで第3中隊で飛行し、198回の出撃を遂行して29.5機の撃墜を報告した。彼はMT-460で最後の8機の戦果をあげた。（SA-kuva）

1944年7月10日、ラッペーンランタにて撮影。MT-479のコクピットに収まってポーズをとるオラヴィ・「オッリ」・プッロ中尉。彼は6月28日に戦闘で受けた負傷の後、ちょうど部隊に戻ってきたところである——この写真が撮られたとき、彼の片方の足はまだギプスで固められていた。プロは1943年4月4日から第2中隊の隊員であり、207回の出撃で36機の撃墜戦果（MT-479）をあげた。彼の戦果は、攻勢が最高潮となったときほとんど2週間にわたって飛行しなかったことがなければ、もっと高いものとなったろう。（SA-kuva）

タリとイハンタラの間のフィンランド陸軍の防衛線は、何度も優勢な敵軍に攻撃を受けたが、頑強に保持された。これはソ連軍のヴィープリ湾をわたる試みが全く成功せず、ヴオサルミとアイラパーの間では、7月12日にスターリンが攻勢を中止した後、西方への最後の前進が失敗したことを意味した。それにもかかわらず戦闘は、ソ連軍部隊の予備が消耗し尽くすまでさらに6日間続いた。

フィンランド軍によって戦われた効果的な後衛戦闘に、前月の初めにノルマンディに行われた連合軍の上陸が成功したことはあいまって、侵攻を止め変わりにベルリンへの前進に焦点をあてるという、スターリンの決定に大きな影響を及ぼした。

「大攻勢」の38日の間に、第24、第34戦闘機隊の両者のメッサーシュミットパイロットは、355回の作戦（2168回出撃）で、425機もの航空機を撃墜し、78機に損傷を与えた。ドイツ空軍の第54戦闘航空団第2中隊——クールメイ戦闘隊の一部——もまた、179回の作戦（986回出撃）で飛行して、同時期に同じ作戦地域でさらに126機の撃墜を報告している。最後にフィンランド軍対空砲中隊は、加えて400機の撃墜を数えている。ソ連空軍は本当に呆然とするような損害を被り、新しい機体の継続的な到着にもかかわらず、かつて強力だった第13空軍はカレリア地峡の戦闘が決した後、たった800機しか保有していなかった。

フィンランド空軍のメッサーシュミットのたった10機だけが、ソ連空軍戦闘機によって失われ、3機が戦闘中行方不明、さらに3機が対空砲、そして2機が「襲撃」機によって失われた。8名のパイロットが戦死し2名が捕虜となった。

1944年9月、ウッティにて、第24戦闘機隊第1中隊のアルヴォ・コスケライネン軍曹が、MT-506「黄の8」の上に座っている。彼はこの後期に引き渡されたグスタフを使用して、部隊で140回の出撃であげた5機の戦果のうち1機を撃墜した。1944年11月10日、コスケライネンは、他の空軍の予備役パイロットと同様に戦闘勤務を終え、民間人の生活に戻った。（O Leskinen）

講和に向かって
Towards Peace

7月19日から以降、ソ連軍航空機

1944年9月4日の休戦調印に続いて継続戦争が終りを迎えた後の数日に、MT-477「黄の7」の前で写真に収められた、第24戦闘機隊第1中隊のヘイモ・「ヘンミ」・ランピ少尉（13.5機撃墜）、ミッコ・パシラ中尉（10機撃墜）、そしてオツォ・レスキネン中尉（1機撃墜）。2週間のうちに戦隊はウッティに移動させられた。「ヘンミ」・ランピは、彼の最後の戦果（1機のLa-5）を7月10日にMT-477であげた。（O Leskinen）

　の非常に少数の編隊だけが前線を敢えて越えた。この日このような哨戒機が第2中隊の機体によって迎撃され、4機の戦闘機が撃墜された。24時間後、エリク・テロマー中尉が率いる6機のメッサーシュミットが、ヴオサルミからタリまでの偵察を行った。アイラパー上空を飛行中、彼らは第159戦闘機飛行連隊（159.IAP）の5機のLa-5に迎撃され、3機の撃墜を報告したが代わりにMT-475に搭乗したトイミ・ユヴォネン中尉（第28戦闘機隊から仮配員）が失われた。彼は格闘戦中エンジンに機関砲が命中し、エンジンはそのまま基地への帰還飛行中に停止した。ユヴォネンはMe109の不時着を試みたが、森に墜落して死亡した。

　7月22日、プロ中尉と彼の僚機はセイスカリへの偵察飛行中、50機のIl-2、9機のPe-2、そして20機の護衛するLa-5と交戦した。数的に圧倒されていたにもかかわらず、フィンランド機は気づかずにいたソ連機の編隊にまっしぐらに急降下し、プロ（MT-461に搭乗）はすぐに2機のIl-2と1機のLa-5をフィンランド湾に撃墜した。これらの勝利でプロは戦果を35機撃墜に増やし、戦隊に現存する最も成果をあげたパイロットとなった。翌日は彼はさらに1機のLa-5を彼の戦果に加えた。

　長い戦争中の第24戦闘機隊の最後の戦闘となったのは、7月25日の戦闘であった。この第3中隊のヴァイノ・スホネン中尉は戦闘機編隊を率いて、20機のLa-5に護衛された第7親衛突撃飛行連隊（7.GShAP）の20機のIl-2と戦った。ソメリの近くで捕捉しフィンランド湾を横切って東に向かい、3機のシュトルモビクと2機の戦闘機が撃墜された——ソフネンはこれらの3機をMT-461で撃墜したと報告している。同じ編隊はまた第34戦闘機隊（ルーッカネン少佐指揮）の中隊にも迎撃され、彼らは2機のIl-2と2機の戦闘機を撃墜した。

　8月1日、第24戦闘機隊は戦力として18機の運用可能なMe109G-6を保有していた。9機の残存のMe109G-2は、7月終わりまでに第2飛行団の第28戦闘機隊に引き渡された。

　第24戦闘機隊司令官のヨルマ・カルフネン少佐は8月31日に、夏の間、

1944年9月半ば、ウッティにて野外に並んだところを撮影された、第24戦闘機隊第1中隊のグスタフ全7機。このような写真は、部隊がまだソ連軍と激しく戦争を戦っていた、この月の初めには決して撮影されることはなかった。カメラに近い機体はMT-457である。同機は1944年8月1日に、第34戦闘機隊第1中隊から第24戦闘機隊第1中隊に転属されたものである。第34戦闘機隊では、この機体はエースの中のエース、イルマリ・ユーティライネン准尉によって使用され、彼の94機の戦果のうち最後の18機を記録している。(J Hyv nen)

1944年9月終わり、退役したMe109G-6が、ウッティで翼を休める。手前のMT-431は第2中隊に所属し、MT-441「黄の1」は第3中隊の機体である。休戦協定によって、1944年9月14日までに、すべての黄色の東部戦線マーキングは取り除かれねばならなかった。(V Lakio)

熱を帯びたような彼の部隊の業績について上官のグスタフ・マグヌッソン大佐にたいして以下の要約を書いている。

「フィンランド軍戦線で軍事活動が増大した時期、戦隊は優勢な敵空軍を、その限度内で、撃退する準備を整えた。

「春の初めまでに、Me109G-2を装備した訓練中隊が動きだし、5月終わりには我々のすべてのブルーステルが他の部隊に移管され、我々はMe109Gだけを装備するようになった。技術的見地からはこれらの新しい機材は、我々の以前の機材よりはるかにオーバーホールが難しかった。しかし戦隊の技術要員はここから生じるいかなる問題にも対応することに成功した。これにより彼らは推賞されるべきである。5月と6月の初めのさまざまな戦闘の間に、我がパイロットは新しいタイプの戦闘機を実戦で使用する上で、信頼を置くために必要とされる十分な経験を得た。

「敵攻撃部隊が一日あたり約1500回（これは数日間であった）の出撃を続ける間に、実質的に休みなく飛行し続けた後で、我がパイロットが過労の兆候を見せ始めたのは当然であろう。部隊が被った損失の一部は、この理由に帰することができる。完全に数で圧倒されていたにもかかわらず、我がパイロットはすばらしく任務を遂行した。

「戦闘の激しさは、我々が被った損失の数によって、厳にはっきりと示されよう。中隊長のミュッリマキとニッシネン、そして副官のサルヤモとサーリネンの喪失、加えてウィンド大尉、プロ中尉、そしてピヨツィア准尉の負傷は、我々をひどく悲しませる。

「戦隊の技術、支援スタッフは、彼らに要求されたすべての任務を達成した。これは基地の移動中は非常に重荷となった。

「部隊の良好な戦闘能力は、すべての部門のすべての人員の能力、良好な協力関係そして相互の信頼にかかっていた。

「私が私の講評を開始したときには、スーラ湖における戦隊の人員は、31名の士官、下121名の下士官、そして71名の兵員を数えた。我々はまた14機の機体を戦力として保有していた。

1944年9月終わり、ウッティにて、芝生に駐機した第24戦闘機隊第1中隊の「黄の1」。ドイツのアンクラムからフィンランドに飛来した最後のグスタフの1機で、この機体は空軍の配備デポに8月25日に到着し、休戦の日に戦隊に配備された。戦争が終わったにもかかわらず、第24戦闘機隊はまだMe109Gに、再び動員される場合に備えて、コクピットのすぐ前に固有の機体番号を描いていた。(V Lakio)

「講評の期間中に、部隊内のそれぞれの中隊は以下の出撃を遂行した」

第1中隊　作戦150回（出撃436回）
第2中隊　作戦123回（出撃412回）
第3中隊　作戦136回（出撃424回）

「これらの作戦の遂行中に、戦隊のパイロットは240機の確認空中戦果を報告し、33機を撃墜未確認し、32機に大損害を与えた。
　戦隊の損失は以下のようである――8名の士官および1名の下士官が戦死または戦闘中行方不明、2名の士官および4名の下士官が負傷し、13機の機体が失われた。このうち2機は空襲で失われたものである。さらに17機の機体が損傷を被った」

作戦は6月の迎撃から7月には爆撃機の護衛に移行したが、これは戦隊の作戦記録からも明らかである。というのも6月には482回迎撃に、196回護衛に飛行したが、一方、7月には320回の迎撃、403回の護衛のための出撃が遂行されたのである。

休戦
Armistice

ソ連の侵攻を撃退して、フィンランドはいまやソ連との恒久的な平和をめざしていた。そしてこれは1944年9月4日の停戦と2週間後のモスクワでの休戦協定調印へと結び付いた。休戦協定の文書には北部フィンランドからのドイツ軍の追放も含まれていた。その結果ラップランドでフィンランド軍とかつての同盟国との間で短い地上戦が戦われた。1947年2月に休戦はパリ講和条約で確認され、フィンランドは1940年に降伏したときと同じかなりの領土と、加えて北極海岸のペツアモの町を引き渡すことを強いられた。これらの要求は苛酷な対価であった。というのもソ連軍部隊は、これらの地域の占領に近づくことさえなかったのである。戦場で勝ち取られたものは、和平交渉で失われたのである。

1944年9月12日、第24戦闘機隊第1および第3中隊は、ウッティに移動し、1週間後第2中隊が続いた。そのMe109G-6の全25機はいまや、ほぼ5年前に冬戦争で部隊が戦闘を開始した同じ基地に配置された。戦隊は地上に

留まり、その機体の黄色の戦域マーキングは取り除かれた。

　休戦の条件のひとつとして、12月4日国防軍の動員解除が行われ、すべての予備役パイロットは市民生活に戻った。同時に空軍の戦隊は番号が再変更され、第24戦闘機隊はそのまま第31戦闘機隊となった。同隊は今日でも現存しており、現在はF/A-18ホーネット［訳註：1978年初飛行。現在のアメリカ海軍および海兵隊の主力機で戦闘機と攻撃機の2役を1機で果たすマルチロールファイターでF/Aの記号を持つ。フィンランド空軍は、旧式化したスウェーデン製のドラケンおよび旧ソ連製のMiG-21を代替すべく1992年に採用した。1994年から引き渡しが開始され、C型57機と複座のD型7機が導入され、第11、第21、そして第31の3個戦闘機隊に配備されている。全長17.1m、全幅12.3m、総重量29932kg、最高速度マッハ1.8+。エンジン：F404-GE-402ターボファンエンジン（18000ポンド）2基、武装：20mm機関銃1挺、サイドワインダー対空ミサイル2基、AMRAAM対空ミサイル2基その他最大6227kg］を装備してカレリヤ航空コマンドの飛行部隊となっている。

　1944年12月22日、最後のマンネルヘイム十字章（170番目）が第24戦闘機隊の隊員のニルス・カタヤイネン曹長に授与された。同時に彼は受章した唯一の予備役パイロットとなった。キィヨスティ・カルヒラ中尉とオラヴィ・プロ中尉の両者もカタヤイネンと同様の戦果をあげていたが、すでに十字章受章の定数は満たされてしまっていた。

　第24戦闘機隊のパイロットは、2つの戦争の間に883機の撃墜を報告している。これにたいして部隊はあらゆる原因で55機の機体を失い、そのうち38機が戦闘で撃墜された。29名のパイロットが戦死したか戦闘中行方不明と見なされ、さらに3名が捕虜となった。（これらの数字には第24戦闘機隊の指揮下にあった他の部隊の報告した戦果および損失も含まれる）。最終的に部隊は、5名の直接的、2名の間接的マンネルヘイム十字章授章者をうみだし、これはフィンランド空軍のいかなる戦隊をも上回るものであった——これこそ真にエリート部隊のしるしであった。

■第24戦闘機隊のメッサーシュミットのトップエース

階級	名前	中隊	撃墜数
大尉	ハンス・ウインド※※	3	36
中尉	オラヴィ・プロ	2,3	28.5
曹長	エミル・ヴェサ	3	20
中尉	ヨルマ・サーリネン+	2,3	18
曹長	ニルス・カタヤイネン※	3	18
上級軍曹	タピオ・ヤルヴィ	2	17
軍曹	エーロ・ハロネン	2	16
中尉	ヴァイノ・スホネン	1	15
中尉	キョスティ・カルヒラ	3	13
中尉	エーロ・リーヒマキ	2	10

※※　マンネルヘイム十字章2回授章
※　　マンネルヘイム十字章授章
+ 戦死

付録
appendices

付録1
指揮官リスト

戦隊長
グスタフ・エリク・マグヌッソン大尉　　　　1938年11月21日～1943年5月31日
（1939年12月6日 少佐、1941年11月10日 中佐）
ヨルモ・カルフネン大尉　　　　　　　　　　1943年6月1日～1944年12月4日

第1中隊 戦時指揮官
エイノ・カルルッソン大尉　　　　　　　　　1939年11月30日～1940年3月13日
エイノ・ルーッカネン大尉　　　　　　　　　1941年6月25日～1942年11月10日
（1941年11月1日 少佐）
ハンス・ウィンド中尉　　　　　　　　　　　1942年1月11日～1943年1月15日
ヨルマ・サルヴァント大尉　　　　　　　　　1943年1月16日～1943年7月7日
ラウリ・ニッシネン中尉++　　　　　　　　　1943年7月8日～1944年6月17日
ヨエル・サヴォネン中尉　　　　　　　　　　1944年6月17日～1944年7月2日
アーテ・ラッシラ大尉　　　　　　　　　　　1944年7月3日～1944年9月4日

第2中隊 戦時指揮官
ヤーコ・ヴオレラ中尉+　　　　　　　　　　1939年11月30日～1940年1月30日
ヨルモ・クルフネン中尉　　　　　　　　　　1940年1月30日～1940年3月13日
レオ・アホラ大尉　　　　　　　　　　　　　1941年6月25日～1942年6月23日
パウリ・エルヴィ大尉　　　　　　　　　　　1942年6月24日～1943年2月10日
リッカ・トッリョネン中尉　　　　　　　　　1943年2月11日～1943年5月2日
（1943年4月13日 大尉）
アウリス・ルンメ中尉　　　　　　　　　　　1943年5月2日～1943年8月24日
ヨウコ・ミュッリマキ大尉++　　　　　　　　1943年8月25日～1944年6月25日
アウリス・ルンメ中尉　　　　　　　　　　　1944年6月25日～1944年7月2日
エリク・テロマー中尉　　　　　　　　　　　1944年7月3日～1944年7月29日
ミッコ・リンコラ大尉　　　　　　　　　　　1944年7月30日～1944年9月4日

第3中隊 戦時指揮官
エイノ・ルーッカネン中尉　　　　　　　　　1939年11月30日～1940年3月13日
（1940年2月15日 大尉）
ヨルモ・カルフネン中尉　　　　　　　　　　1941年6月25日～1943年5月26日
（1941年8月4日 大尉）
ハンス・ウィンド中尉　　　　　　　　　　　1943年5月27日～1944年6月28日
（1943年10月19日 大尉）
キヨスティ・カルヒラ中尉　　　　　　　　　1944年6月30日～1944年7月21日
ヴァイノ・スホネン大尉　　　　　　　　　　1944年7月21日～1944年9月4日

第4中隊 戦時指揮官
グスタフ・マグヌッソン大尉　　　　　　　　1939年11月30日～1940年3月13日
（1939年12月6日 少佐）
ペル＝エリク・ソヴェリウス中尉　　　　　　1941年6月25日～1942年2月15日
（1941年8月4日 大尉）
リッカ・トッリョネン中尉　　　　　　　　　1942年2月15日～1943年2月11日
　　　　　　　　　　　　　　　　　　　　　（廃止）

第5中隊 戦時指揮官
レオ・アホラ中尉　　　　　　　　　　　　　1939年11月30日～1940年3月13日
　　　　　　　　　　　　　　　　　　　　　（廃止）

註：+ 事故死
　　++ 戦死

付録2
作戦損失

日時	機体	戦隊および操縦士	状況
1939/12/23	FR-111	タウノ・カールマ軍曹/負傷	25.IAPのI-16によって損傷を受けリュィーキラ湖に墜落
1940/1/20	FR-107	ペンッティ・ティル上級軍曹/戦死	49.IAPのI-16によってサークス湖上空で撃墜される
1940/2/1	FR-115	タパニ・ハルマヤ少尉/戦死	7.IAPのI-16によってヴェナヤ島上空で撃墜される
1940/2/2	FR-81	フリッツ・ラスムッセン中尉/戦死	25.IAPのI-16によってラウハ上空で撃墜される
1940/2/10	FR-102	ヴァイノ・イコネン曹長/負傷	7.または25.IAPのI-16によって損傷を受け、シモラ上空で撃墜される
1940/2/19	FR-80	エルハルト・フリユス中尉/戦死	25.IAPのI-16によってヘイノヨキ上空で撃墜される
1940/2/26	FR-85	タウノ・カールマ軍曹/無事	68.IAPのI-16によって損傷を受け、インモラで不時着
1940/2/29	FR-94	タトゥ・フハナンッティ中尉/戦死	68.IAPのI-16にルオカラハティ上空で撃墜される
1940/3/5	FR-76	マウノ・フランティラ軍曹/負傷	7.IAPのI-16によって損傷を受け、ヴィロラハティに不時着
1941/12/3	BW-385	ヘンリク・エルフヴィング中尉/戦死	ノヴィンカ上空で対空砲に撃墜される
1942/1/24	BW-358	エイノ・ミュッリュマキ軍曹/戦死	152.AIPのハリケーンにソロッカ上空で撃墜される
1942/2/26	BW-359	タウノ・ヘイノネン軍曹/パラシュート降下	MiG-3（所属不明）にリーステポフヤ上空で撃墜される
1942/3/9	BW-362	パーヴォ・メッリン軍曹/捕虜	152.IAPのハリケーンにウイクヤルヴィ/ウイク湖上空で撃墜される
1942/5/29	BW-390	-	ヌルモイラへの空襲
1942/6/8	BW-394	ウオレヴィ・アルヴェサロ中尉/無事	152.IAPのハリケーンによって損傷を受けルカ湖に不時着
1942/6/25	BW-372	ラウリ・ペクリ中尉/負傷	609.IAPのハリケーンによって損傷を受け、セース湖に不時着水
1942/6/25	BW-381	カレヴィ・アンッティラ軍曹/負傷	609.IAPのハリケーンによって損傷を受け、セース湖に不時着
1942/8/18	BW-378	アールノ・ライティオ少尉/戦死	71.IAP,KBFのI-16にクロンシュタット上空で撃墜される
1942/10/30	BW-376	パーヴォ・トロネン軍曹/戦死	71.IAP,KBFのI-16にオラニエンブルク上空で撃墜される
1943/4/21	BW-354	タウノ・ヘイノネン上級軍曹/戦死	4.GIAP,KBFのLa-5にオラニエンブルク上空で撃墜される
1943/4/21	BW-352	エーロ・キンヌネン准尉/戦死	オラニエンブルク上空で対空砲によって撃墜される
1943/5/2	BW-380	リッカ・トョッリョネン大尉/戦死	3.GIAP,KBFのLaGG-3によってオラニエンブルク上空で撃墜される
1943/5/4	BW-388	ヨウコ・リリヤ軍曹/戦死	3.GIAP,KBFのLaGG-3によってセイヴァストョ上空で撃墜される
1943/6/17	BW-351	-	スーラ湖への空襲
1943/8/31	BW-356	スロ・レフティヨ軍曹/戦死	13.KIAP,KBFのYak-7Bにコイヴィスト上空で撃墜される
1943/11/10	BW-366	ヴィルップ・ペルッコ中尉/捕虜	13.KIAP,KBFのYak-7にオラニエンブルク上空で撃墜される
1944/6/2	MT-204	ヘイッキ・ヘッララ中尉/戦死	14.または29.GIAPのYak-9にキヴェンナパ上空で撃墜される
1944/6/2	MT-225	ヴィルヨ・カウッピネン上級軍曹/負傷	14.または29.GIAPのYak-9にキヴェンナパ上空で撃墜される

日時	機体	戦隊および操縦士	状況
1944/6/17	MT-227	リッカ・トヨッリョネン中尉/戦死	159.IAPのLa-5によってペルク湖上空で撃墜される
1944/6/17	MT-229	ラウリ・ニッシネン中尉/戦死	Bf-109G-2 MT-227に衝突される
1944/6/22	MT-442	エルッキ・ヌカリネン少尉/戦死	14.または29.GIAPのYak-9にタリ上空で撃墜される
1944/6/29	MT-439	アフティ・ライティネン中尉/捕虜	159.IAPのLa-5にイハンタラ上空で撃墜される
1944/7/2	MT-246	-	ラッペーンランタへの空襲
1944/7/2	MT-450	-	ラッペーンランタへの空襲
1944/7/3	MT-235	ヴィクトル・ピィヨツィア准尉/負傷	277.ShADのIl-2にニルヤマー上空で撃墜される
1944/7/5	MT-476	ニルス・カタヤイネン曹長/負傷	13.KIAP,KBFのYak-9によって損傷を受け、ラッペーンランタに不時着
1944/7/11	MT-440	リスト・ヘラヴァ軍曹/捕虜	196.IAPのP-39にヘインヨキ上空で撃墜される
1944/7/18	MT-478	ヨルモ・サーリネン中尉/戦死	159.IAPのLa-5によって損傷を受け、アントレアに不時着
1944/7/20	MT-475	トイミ・ユヴォネン中尉/戦死	159.IAPのLa-5によって損傷を受け、ヨウツェノに不時着

付録3
戦隊のエース

階級	名前	第24戦隊 撃墜数	FR	BW	MT	合計	付記
大尉	ハンス・ウインド※※	75	1-	39	36	75	1944/6/28に負傷
准尉	イルマリ・ユーティライネン※	36	2	34	-	94	第34戦隊で2回目のマンネルヘイム十字章授章
曹長	ニルス・カタヤイネン※	35.5	-	17.5	18	35.5	1944/5/7に負傷
中尉	オラビ・プロ	34	-	5.5	28.5	36	
中尉	ラウリ・ニッシネン※	32.5	4	22.5	6	32.5	1944/6/17に戦死
大尉	ヨルマ・カルフネン※	31	4.5	26.5	-	31	
曹長	エミル・ヴェサ	29.5	-	9.5	20	29.5	
上級軍曹	タピオ・ヤルヴィ	28.5	-	11.5	17	28.5	
中尉	ヨルマ・サーリネン	23	-	5	18	23	1944/7/18に戦死
准尉	エーロ・キンヌネン	22.5	3.5	19	-	22.5	1943/4/21に戦死
中尉	ヴァイノ・スホネン	19.5	-	4.5	15	19.5	
准尉	ヴィクトル・ピィヨツィア	19.5	7	8.5	3.5	19.5	1944/7/3に負傷
曹長	ヨウコ・フオタリ	17.5	-	9.5	8	17.5	
大尉	エイノ・ルーッカネン	17	-	2.5	14.5	56	第34戦隊でマンネルヘイム十字章授章
大尉	ヨルマ・サルヴァント	17	13	4	-	17	
中尉	アウリス・ルンメ	16.5	-	11.5	5	16.5	
中尉	エーロ・リーヒカッリオ	16.5	-	6.5	10	16.5	
軍曹	エーロ・ハロネン	16	-	-	16	16	
曹長	マルッティ・アルホ	15	1.5	13.5	-	15	1943/6/5に戦死
中尉	エリク・テロマー	14	-	8	6	19	
准尉	イルヨ・トゥルッカ	14	4.5	9.5	-	17	
中尉	ペッカ・コッコ	13.5	3.5	10	-	13.5	
少尉	ヘイモ・ランピ	13.5	-	5.5	8	13.5	
中尉	キヨスティ・カルヒラ	13	-	-	13	32	
大尉	ペル=エリク・ソヴェリウス	12.5	5.5	7	-	12.5	
中尉	ラウリ・ペクリ	12.5	-	12.5	-	18.5	
中尉	ウルホ・サルヤモ	12.5	-	6.5	6	12.5	1944/7/18に戦死
上級軍曹	レオ・アホカス	12	-	7	5	12	
大尉	リッカ・トヨッリョネン	11	0.5	10.5	-	11	

階級	名前	第24戦隊 撃墜数	FR	BW	MT	合計	付記
中尉	カイ・メツォラ	10.5	-	6.5	4	10.5	
中尉	アフティ・ライティネン	10	-	2	8	10	1944/6/29に捕虜
中尉	ミッコ・パシラ	10	-	5	5	10	
上級軍曹	ヴィルヨ・カウッピネン	9.5	-	8.5	1	9.5	1944/6/7に負傷
中尉	ヨエル・サヴォネン	8	-	7	1	8	
上級軍曹	エイノ・ペルトラ	7.5	-	7.5	-	10.5	
中尉	タトゥ・フハナンッティ	6	6	-	-	6	
上級軍曹	ヴィルタ・ケルポ	6	6	-	-	6	1940/2/29に戦死
軍曹	オンニ・アヴィカイネン	6	-	6	-	6	1941/1/28に事故死
曹長	ヴァイノ・イコネン	5.75	1.75	4	-	5.75	
少佐	グスタフ・マグヌッソン	5.5	4	1.5	-	5.5	第3飛行団で マンネルヘイム十字章 授章
中尉	オスモ・カウッピネン	5.5	-	5.5	-	5.5	
准尉	ヴェイッコ・リンミネン	5.5	0.5	5	-	5.5	
軍曹	コスティ・ケスキヌンミ	5.5	-	0.5	5	5.5	
軍曹	パーヴォ・メッリン	5.5	-	5.5	-	5.5	1942/3/9に捕虜
中尉	ヴィルップ・ラキオ	5	-	5	-	5	
中尉	キム・リンドベルグ	5	-	5	-	5	
中尉	アッテ・ニュマン	5	-	-	5	5	
中尉	ウルホ・ニエミネン #	5	5	-	-	11	
上級軍曹	ペンッティ・ティッリ #	5	5	-	-	5	1941/1/20に戦死
軍曹	アルヴォ・コスケライネン	5	-	-	5	5	

付記
※※ マンネルヘイム十字章2回授章者
※ マンネルヘイム十字章授章者
第26戦隊隊員

カラー塗装図　解説
colour plates

1
フォッカー D.XXI（c/n III/17）FR-110「青の7」
1940年4月　ヨロイネン　第24戦隊第3中隊
ヴィクトル・ピヨツィア准尉
ピヨツィアは第24戦隊第3中隊に勤務して、冬戦争中FR-110で7.5機撃墜の戦果をあげた。彼の戦果には1939年12月27日と1940年1月20日の2回の「一日2機撃墜」が含まれる。この機体は、冬戦争中に撃墜マークが描かれたたった2機のみ例が知られる機体の1機である。この撃墜マークが尾翼の右側にも採用されていたかどうかは未確認のままである。「イサ＝ヴィッキ」（父ヴィッキ）は、第24戦隊の「ベテラン」のひとりで、5年間の戦争を通じて部隊に留まった。D.XXIでの彼の成果はさておき、ピヨツィアは継続戦争中第1中隊に勤務していた間に、ブルースター・モデル239およびMe109Gでも撃墜を報告し続けている。彼は437回の出撃で19.5機の撃墜を記録しているが、出撃数はたった1名のパイロット──「エイッカ」ルーツカネンは441回飛行した──にしか負けないものであった。

2
フォッカー D.XXI（c/n III/1）FR-97「白の2」1940年1月
ウッティ　第24戦隊第4中隊　ヨルマ・サルヴァント中尉
サルヴァントは、同機を使用して1940年1月6日にウッティの南で4分間の交戦で第6長距離爆撃機飛行連隊（6.DBAP）の6機のDB-3Mを撃墜し、フィンランドで最初のエースとなった。彼の偉業は世界中の報道紙面を飾ることになり、「ザンパ」・サルヴァントは冬戦争の筆頭エースへ進むことになる。1940年2月1日、彼は第24戦隊第1中隊の副官となり、その後FR-80とFR-100の両機でさらに2機の戦果を報告した後、ちょうど3週間で彼の戦果は13機の確認撃墜戦果へと上った。その後サルヴァントはちょうど空軍向けに再組み立てされた新しいブルースター・モデル239の評価のためスウェーデンに派遣され、冬戦争が終わりを迎えるまでこの任務を勤めた。

3
フォッカー D.XXI（c/n III/13）FR-112「黒の7」
1939年12月　インモラ　第24戦隊第1中隊
ヨルマ・カルフネン中尉
「ヨッペ」・カルフネンは、第24戦隊第1中隊の副官を勤めた5週間FR-112を飛ばし、そのときに3機と2機の協同撃墜戦果をあげた。この機体での彼の戦果は、1940年1月30日に終わりとなった。この日、FR-112は、ヴァルチラにおいて滑走中の事故で他のD.XXIと衝突し、損傷を受けて修理のためタンペレの国営飛行機製作所に送り出された。彼のフォッケルでの最終戦果は4.5機である。1月30日、カルフネンは第24戦隊第2中隊の指揮官に任ぜられたが、冬戦争の残り期間、彼はスウェーデンでブルースターの試験飛行にあたった。

4
フォッカー D.XXI（c/n III/3）FR-99「黒の1」1940年1月
ヨウツェノ　第24戦隊司令官
グスタフ・マグヌッソン少佐

「エカ」・マグヌッソンは冬戦争の勃発の1年前、第24戦隊の司令官に就任した。彼は「4つ指」戦闘機編隊の堅い信奉者であり、彼の信念を頑として部下のすべてのパイロットに授け、これはそのまま彼の戦隊に明白にソ連の戦闘機部隊にたいする戦術的優位を与えることになった。逆にこうした優位が、極めて多数の空中戦をごく少数の戦闘機戦力で達成することが可能になった理由であった。この点を証明するように、マグヌッソンは冬戦争中に4機の爆撃機を撃墜し、まだ第24戦隊の司令官を勤めていた1941年7月に、ブルーステルBW-380でDB-3Mの撃墜を報告し「エース」を達成することになるのである。1943年5月終わりから、彼は第3飛行団の司令官となり、（レーダーなしで）固有の早期警戒システムと戦闘機統制システムを作り出し、これは1944年のソ連軍夏季攻勢を撃退するために重要な役割を演じた。1944年6月26日、彼はこれらの業績にたいしてマンネルヘイム十字章を授与された。

5
ブルースター・モデル239　BW-390「白の0」
1941年10月　ヌルモイラ
第24戦隊第1中隊　カイ・メツォラ少尉
「カイウス」・メツォラは、継続戦争を通じて、第24戦隊第1中隊に勤務し続け、戦役の初期にBW-360を割り当てられた。彼は最終的にこの機体で3機の撃墜を報告している。1942年2月2日、メツォラは中尉に昇進し、予備役パイロット（士官学校を卒業していない）の到達できる最高の地位についた。1942年5月29日、この機体はヌルモイラへの空襲中に地上で燃上した。メッサーシュミットに移行する前に、メツォラはブルーステルで6.5機の戦果をあげたが、これらの最後は1943年11月9日にBW-367によるものであった。機体番号の「0」はこの機体が配備数の増強のための増備の機体であるか、あるいは損耗補充であることを意味している。ほとんどの戦隊は、いつでも典型として8機の機体を装備していたが、これらの番号は「1」から「8」であった。

6
ブルースター・モデル239　BW-357「白の3」
1941年6月　ランタサルミ　第24戦隊第2中隊
ヨルマ・サルヴァント中尉
冬戦争のエース「ザンバ」・サルヴァントは、継続戦争の最初の4カ月間、第24戦隊第2中隊の副官を勤め、BW-357を飛ばして彼の初期の戦果の13機に2機を加えた。彼は最終的に大尉に昇進し、空軍司令部の幕僚の地位につき、その後ドイツの駐在武官の補佐官となった。1943年1月16日、サルヴァントは第24戦隊第1中隊の指揮官として前線に戻り、BW-373で2機の戦果を報告し、彼の最終的撃墜戦果を251回の出撃で17機とした。1943年7月9日、彼は空軍士官学校の空戦局長となり、戦争の残り期間その地位に留まった。

7
ブルースター・モデル239　BW-368「オレンジの1」
1942年3月　コントゥポフヤ
第24戦隊第3中隊　ニルス・カタヤイネン上級軍曹

ニルス・カタヤイネンは、継続戦争勃発の前夜に第24戦隊第3中隊に加わり、1942年9月に双発海洋哨戒機の操縦を学ぶため部隊を離れるまで戦隊に勤務した。そのときまでに彼は13機の撃墜を報告し、そのうち7機はBW-368で記録されたものであった。カタヤイネンは6カ月間、捕獲したSB爆撃機で対潜作戦飛行を行った後、1943年4月9日に彼の戦闘機に戻る申請は受け入れられ、第24戦隊第3中隊に再び加わった。彼の帰隊によって、エースには再度BW-368が割り当てられ、彼はブルーステルでさらに4.5機の戦果（1.5機はこの機体で）を加えることになる。

8
ブルースター・モデル239　BW-378「黒の5」
1941年10月　ルンクラ
第24戦隊第4中隊 ペル＝エリク・ソヴェリウス大尉

「ペッレ」・ソヴェリウスは冬戦争中第24戦隊第4中隊の副官で、戦争を通じてBW-378を飛ばし5.5機の戦果をあげた。ソヴェリウスは中隊長となって継続戦争を迎え、乗機にはモデル239BW-378（寄付によって資金が賄われた機体で、そのためコクピットの下に記述がある）を割り当てられた。彼は残る7機の戦果をこの機体であげた。彼は1942年2月16日に空軍司令部の幕僚職を受け入れるときまでに、257回の出撃を行った。5カ月少し後の7月30日、ソヴェリウスは空軍試験飛行戦隊の司令官となり、1944年5月30日に第28戦闘機隊の指揮を任せられるまでその地位にあった。彼はいまや少佐となっていたが、戦争の最後の数カ月間に、MS.406そしてその後Me109G-2を飛ばしている間には12.75機の戦果を増やすことはできなかった。

9
ブルースター・モデル239　BW-371「白の1」
1943年3月　スーラ湖　第24戦隊第1中隊
ヴィクトル・ピィヨツィア准尉

前に述べたように、「イサ＝ヴィッキ」・ピィヨツィアは継続戦争を通して第24戦隊第1中隊に勤務した。彼は1943年2月にBW-371を割り当てられ、1944年2月22日にカレヴィ・アンッティラ上級軍曹が悪天候で墜落させるまで、この機体に乗り続けた――アンッティラは事故で死亡した。ピィヨツィアはこのモデル239では全く戦果を報告しなかったが、1941年6月から1944年3月の間に他のブルーステルで7.5機の戦果をあげた。1944年4月に彼の部隊がMe109G-2に転換した後、彼にはMT-244を割り当てられた。ピィヨツィアはグスタフで4.5機を撃墜したが、7月3日にMT-235を操縦中にIl-2の反撃で撃墜された。彼は脱出に成功したが、着地のときに頭部を打撲し、戦争の残りの期間を入院した。

10
ブルースター・モデル239　BW-354「白の6」
1942年9月　ティークス湖
第24戦隊第2中隊 ヘイモ・ランピ上級軍曹

1941年6月25日、「ヘンミ」・ランピのまさに最初の戦闘行動のとき（そのとき彼は下級の伍長だった）、彼はまさにこの機体を飛ばしキンヌネン曹長と協同して5機のSB爆撃機を撃墜した。ランピは1943年1月8日まで第24戦隊第2中隊に留まり、その後は士官教育を終えるために部隊を離れた。彼は1943年6月15日に部隊に戻り、第24戦隊第1中隊に配属された。そこで3カ月後、彼は少尉に昇進した。ランピはユニークな記録を持っており、第24戦隊で――そして継続戦争で――最初の撃墜を記録し、そしてブルーステルで最後の戦果（1944年4月2日、BW-382に搭乗しLa-5を撃墜したもの）をあげた。ランピはMe109Gへの移行を完了すると、MT-232を割り当てられたが、彼のメッサーシュミットでの8機の戦果のうち4機はMT-235で報告している。「ヘンミ」・ランピは238回の出撃をこなし成功裏に戦争を終え、撃墜記録は13.5機だった。

11
ブルースター・モデル239　BW-393「オレンジの9」
1944年4月　スーラ湖
第24戦隊第3中隊 ハンス・ウィンド大尉

ハンス・ウィンドが1943年5月27日に第24戦隊第3中隊の指揮を執るため第1中隊を離れたとき、彼はお気に入りのブルーステル、BW-393をともなって移動した。この配転が起こったすぐ後、機体の固有番号は中隊に割り当てられた戦術マーキングにしたがい（イラスト13の解説を参照）、「白の7」（イラスト13を参照）から「オレンジの9」に変更された。ウィンドのブルーステルでの39機の戦果のうち、26機がBW-393で記録された。彼は同機を1941年12月からずっと、1944年4月に戦隊がMe109Gに転換するまで飛ばした。彼が乗ったうち最も成功した機体は、MT-201そしてMT-439であり、彼はさらに36機の戦果（25機を10日間で）をあげ、302回の出撃で戦果を75機に増やした。

12
ブルースター・モデル239　BW-370「黒の4」
1942年10月　リョンピョッティ
第24戦隊第4中隊 アウリス・ルンメ中尉

ルンメは継続戦争の開戦時に第24戦隊に加わり、中隊長に任命された少数の予備役パイロットのひとりとなった――彼は正規の指揮官が失われた後、第24戦隊第2中隊を二度指揮し、代わりの士官が見つかるまで任務をまっとうした。ルンメは2年間にわたって、最初第24戦隊第4中隊で、その後1943年2月11日からは第24戦隊第2中隊でBW-370を飛ばし、その間に同機で4.5機の撃墜を記録した。この機体には後に胴体前部に、戦隊の山猫のエンブレムが描かれた。戦果が止むまでに、ルンメは287回出撃し16.5機の撃墜戦果をあげた。

13
ブルースター・モデル239　BW-393「白の7」
1943年1月　スーラ湖
第24戦隊第1中隊長 ハンス・ウィンド中尉

22歳の「ハッセ」・ウィンド中尉は1941年8月1日に第24戦隊第4中隊に加わり、8カ月でエースとなった――彼の5機目の撃墜は1942年3月29日、BW-378搭乗時に記録され、協同撃墜戦果の形をとった。その後8月に彼は第24戦隊第1中隊に配属され、BW-393に搭乗する間に彼の戦果はすぐに増大し始めた。1942年11月10日、ウィンドは中隊の指揮を執り、1943年5月27日に第24戦隊第3中隊長になるときまでには、BW-393の尾翼には29機の撃墜マークが示された（イラスト11の解説を参照）。

14
ブルースター・モデル239　BW-352「白の2」

1942年9月　ティークス湖　第24戦隊第2中隊
エーロ・キンヌネン上級軍曹

「レッケリ」・キンヌネンは、冬戦争中にD.XXI FR-109で3.5機の撃墜戦果をあげた。彼は継続戦争の勃発時にはブルーステルBW-352を飛ばし、1941年6月25日の最初の交戦ではこの機体を使用した。この戦闘では5機のSBの撃墜が視認され、ここではキンヌネンはヘイモ・ランピ大尉（イラスト10を参照）と撃墜戦果を分け合った。そしてその後彼のまさに次の作戦でさらに2機を撃墜することになる。彼はその戦歴の間中、最初第24戦隊第2中隊で、そして1943年2月11日からは第24戦隊第3中隊でBW-352を飛ばした。1943年4月21日、キンヌネン准尉はオラニエンバウムで対空砲火によって撃墜され、この機体に墜落して戦死した。彼は22.5機の撃墜戦果をあげた。

15
ブルースター・モデル239　BW-384「オレンジの3」
1942年5月　ティークス湖
第24戦隊第2中隊　ラウリ・ニッシネン少尉

「ラプラ」・ニッシネン曹長は、冬戦争中にD.XXI FR-98を飛ばして4機の撃墜を記録したが、彼の継続戦争での最初の戦闘行動は、第24戦隊第2中隊においてであった。彼は1941年7月8日にBW-353に搭乗して、エースの地位を獲得した。その後、彼は1941年8月12日にBW-384を割り当てられた。1942年1月28日、ニッシネンは第24戦隊第2中隊に移動し、ムルマンスクの基地から数を増し飛行するレンドリースのハリケーンを撃退するためヴィエナに派遣された。1942年6月8日、彼はBW-384で彼の継続戦争での20機目撃墜戦果をあげたが、この戦果には6機のハリケーンが含まれる。その後ニッシネンは正規士官に選抜され、1942年7月1日に彼の士官学校のコースが開始された。彼はその4日後にマンネルヘイム十字章を授与された（イラスト29の解説を参照）。

16
ブルースター・モデル239　BW-377「黒の1」
1942年10月　リョンピョッティ
第24戦隊第4中隊　タピオ・ヤルヴィ上級軍曹

「タッピ」（チビ）・ヤルヴィは、1941年8月11日から戦争終結まで、第24戦隊の隊員であった。1943年2月11日、彼の中隊はブルーステルの不足のために第2中隊に吸収され、この中隊で彼はその戦果のほとんどを記録した――ヤルヴィはBW-377を使用して7.5機の撃墜を報告した。1944年の攻勢期間中、彼は主として翼機関砲装備のMe109G-6/R-6 MT-450を飛ばして、10機のIl-2を撃墜した。1944年7月16日にヤルヴィが曹長に昇進したときに、彼の撃墜戦果の増加は終わりとなり、エースは247回の出撃による28.5機の撃墜で戦争を終えた。

17
ブルースター・モデル239　BW-393「白の7」
1942年11月　リョンピョッティ
第24戦隊第1中隊長　エイノ・ルーッカネン少佐

「エイッカ」・ルーッカネンは継続戦争開始時から第1中隊を指揮し、彼に割り当てられたBW-375で4.5機の撃墜戦果をあげた。1942年6月1日、彼はBW-393（この機体は後にハンス・ウィンドの乗機となった）に乗り換え、すぐにフィンランド湾上空で7機の戦果を報告した。1942年11月7日、ルーッカネンは少佐に昇進し彼の戦果を17機として、海上偵察戦隊の第30戦隊の司令官となった。同戦隊はやはりリョンピョッティに配置された。彼は1943年3月29日に空軍最初のMe109G部隊――第34戦隊――の責任者に任じられ、戦争終結まで部隊の指揮官の地位に留まった。ルーッカネンは440回の出撃を記録し、56機の撃墜を報告して1944年6月18日にマンネルヘイム十字章を授章した。

18
ブルースター・モデル239　BW-372「白の5」
1942年6月　ティークス湖
第24戦隊第2中隊　ラウリ・ペクリ中尉

ラウリ・ペクリは1941年9月3日に第24戦隊第2中隊に任命され、彼の到着とともにBW-351が割り当てられた。1942年6月25日に彼の中隊がティークス湖に移動したとき、彼は副官の地位に昇進しBW-372に乗り換えた。1942年6月25日、「ラッセ」・ペクリはこの機体で2機のハリケーンの撃墜を報告したが、逆に3機目のハリケーンに射撃され、燃えるブルーステルはカレリアの小さな湖に不時着を余儀なくされた。彼はなんとか乾いた土地にたどり着き、それから荒野を通ってフィンランド軍戦線にたどり着いた。これらのハリケーンは、彼がモデル239であげた12.5機の戦果の最後のものであった。1943年2月9日、ペクリは第34戦隊に移動し、最終的に戦隊の第1中隊の指揮官になった。1944年6月16日に彼はMT-420で撃墜され捕虜となり、フィンランドには1944年12月25日に帰還した。ペクリは314回の出撃で18.5の空中戦果を報告した。BW-372に戻ると、1998年8月6日、ペクリの機体はアメリカ人が出資した回収チームによって、水浸しの墓所より引き上げられた。ブルーステルは非常に良好な状態で、最終的には飛行可能状態にレストアされるであろう。BW-372（世界で唯一のオリジナルのブルースター戦闘機）は1998年12月に論争のかまびすしい中でロシアからこっそり持ち出され、現在のところダブリンに保管されており、カナダの企業によって売りに出されている［訳註：2004年8月、最終的にこの機体は、アメリカ・フロリダ州ペンサコラの海軍博物館に展示されることが決まった。幸いなことに博物館ではアメリカ海軍仕様ではなく、フィンランド空軍当時の塗装を再現することが予定されている］。

19
ブルースターモデル239　BW-366「オレンジの6」
1943年5月　スーラ湖　第24戦隊第3中隊長
ヨルモ・カルフネン大尉

BW-366は、1941年6月25日の継続戦争の開始時からヨルモ・カルフネンに割り当てられた。そして彼はこの機体で1943年5月4日に彼の31機目の、そして最後の撃墜――1機のI-153をフィンランド湾上空で――を報告している。彼は1943年5月27日まで第24戦隊第3中隊を率い、それから全戦隊の指揮を委ねられた。その後「ヨッペ」・カルフネンはマンネルヘイム十字章授章者となり（1942年9月8日授章）、戦争終結まで部隊司令官を勤めた。

20
ブルースター・モデル239　BW-386「黒の3」
1942年4月　コントゥポフヤ
第24戦隊第4中隊　サカリ・イコネン上級軍曹

サカリ・イコネンは冬戦争のベテランで（その間彼はD.XXI FR-102で、1940年2月9日に撃墜されるまでに1.75機の撃墜を報告した）、継続戦争が勃発したときまだ第4中隊に勤務していた。彼はBW-386で3機の撃墜戦果を記録し、通常は中隊長のソヴェリウス大尉の僚機として飛行した。1943年2月1日、イコネンは空軍戦闘機学校の教官に任命され、戦争の残り期間をそこに留まった。彼は204回の出撃をこなし、5.75機の撃墜戦果をあげた。

21
Me109G-2（Wk-Nr 14784）MT-216「赤の6」
1944年4月　スーラ湖　第24戦闘機隊第1中隊
ミッコ・パシラ中尉

ミッコ・パシラは第30戦隊にしばらく勤務した後、1941年12月17日に第24戦隊第1中隊に加わった。彼は継続戦争の残り期間、戦闘機隊に留まり、1942年10月13日にBW-382に搭乗して最初の戦果をあげた----1943年5月初めまでに5機撃墜（すべてがブルーステルに搭乗してのもの）でエースの地位を獲得した。1944年4月、パシラの中隊は第24戦闘機隊内で最初にブルーステルをMe109Gに転換した部隊となり、そしてそのまま彼にはMT-216が割り当てられた。しかし彼とこの機体との組み合わせはそれほどは続かず、5月18日に彼は飛行中にエンジンが停止したために、緊急の胴体着陸をせざるをえなかった。彼の機体は機首に「赤の6」の機体番号が描かれているが、このマーキングは前の部隊、第34戦闘機隊で機体に採用されたものである。パシラはMe109Gで5機の撃墜を報告することになり、こうして彼の総戦果を300回の出撃で10機の撃墜数に増やした（イラスト34の記述を参照）。

22
Me109G-2（Wk-Nr 13393）MT-229「黄の9」
1944年4月　スーラ湖　第24戦闘機隊第1中隊
ヴァイノ・スホネン中尉

「ヴァイスキ」・スホネンは、1941年7月5日から戦争終結まで、第24戦隊第1中隊に勤務した。中隊がMe109Gに転換したときまでに、彼はブルーステルで4.5機を撃墜しており、1944年5月30日にMT-229で「エースとなった」（彼は6日後にこの機体でさらに1機の撃墜を記録した）。MT-229には前の第34戦闘機隊の機体番号も描かれている。この機体はこの後、中隊長のラウリ・ニッシネン中尉に割り当てられ、彼は6月17日に戦死する前にこの機体で2機の撃墜を報告している。本書で先に詳述されているように、MT-229はMT-227の残骸に衝突され、ニッシネンと仲間のエースのウルホ・サルヤモ中尉の2人ともが死亡した。MT-229の中隊長への再配置の後、「ヴァイスキ」・スホネンは当初MT-238を、その後G-6のMT-461を飛ばした。1944年7月21日に彼は第24戦闘機隊第3中隊の中隊長代理となり、戦争の終わりまでスホネンは261回の出撃を遂行し、19.5機の撃墜を記録した（このうち15機はソ連軍の1944年夏季攻勢時に達成されたものである）。

23
Me109G-2（Wk-Nr 10522）MT-221「黄の9」
1944年5月　スーラ湖　第24戦闘機隊第2中隊
ヨルマ・サーリネン中尉

ヨルマ・サーリネン少尉は飛行訓練を終えて、1942年5月28日彼は第24戦隊に配属された。第2中隊に加わって、1943年4月にBW-380を飛ばして、LaGG-3を撃墜し彼は初戦果を報告した。10月までにサーリネンは、ブルーステル戦闘機で5機の戦果を加えた。1944年5月にMe109Gに転換した後、彼にはMT-221を割り当てられ、この機体を使用して6月25日までに3機の撃墜を報告している。このメッサーシュミットはこの日、戦隊長のヨウコ・ミッリマキ大尉が悪天候で墜落させ失われ、大尉は戦死した。その後サーリネンはG-6 MT-452を割り当てられ、7月10日には第24戦闘機隊第3中隊に移動した。7月18日、ヨルマ・サーリネンは損傷を受けたMT-478で野原に不時着しようと試みたときに、道路の土手に衝突して、彼の部隊の最後の戦闘による犠牲者となった。彼は戦死するまでに139回の出撃で23機の撃墜を報告した。

24
Me109G-2（Wk-Nr 14754）MT-213「白の3」
1944年5月　スーラ湖　第24戦闘機隊第1中隊
エーロ・リーヒカッリオ中尉

エーロ・リーヒカッリオは、1941年のクリスマスのちょうど前に第24戦闘機隊第2中隊に配属された。彼が最初の戦果をあげるまでに11カ月かかった――1942年11月23日、BW-377を飛ばしてトマホークを撃墜した。しかし6カ月のうちに彼の戦果は6.5機に増加した。1944年のソ連軍の夏季攻勢中、彼はMT-213を飛ばしたが、この機体では5月22日に導入された新しい形式の機体番号が描かれているのがわかる。「たった」110回出撃しただけにもかかわらず、リーヒカッリオは16.5機の撃墜を報告している（3機はMT-213に搭乗して）。

25
Me109G-2（Wk-Nr 10322）MT-231「黄の1」
1944年6月　ラッペーンランタ　第24戦闘機隊第1中隊
カイ・メツォラ中尉

本機は1944年4月8日に第24戦闘機隊第1中隊の「カイウス」・メツォラ中尉に割り当てられた。彼の戦歴についてはイラスト5の解説で紹介した。この機体はまた新形式の機体ナンバリングが見られ、数字の「1」が機体の所属する中隊を示す。MT-231はこの部隊で運用された最後のG-2で、1944年7月24日に第28戦闘機隊に引き渡された。メツォラは彼のすべての作戦を第1中隊で飛び、296回の出撃で10.5機の撃墜戦果をあげた（4機がMe109G）。

26
Me109G-6（Wk-Nr 164929）MT-441「黄の1」
1944年7月　ラッペーンランタ　第24戦闘機隊第3中隊
アフティ・ライティネン中尉

ライティネンは1943年4月14日に訓練部隊から第24戦闘機隊第3中隊に配属された。彼は最初の戦果を8月31日にBW-393であげた。続くブルーステルによる2機目の撃墜は、1944年4月のMe109Gへの転換の前であった。6月19日、ライティネンにはMT-441が割り当てられ、彼はこの機体を使用して6機の戦果をあげた。6月29日、彼はMT-439で戦闘中に撃墜され、重傷を負ってパラシュート降下し捕虜となった。他の捕虜と同様に、ライティネンは1944年12月25日に解放された。彼は75回しか出撃していないが、10機の撃墜を報告している。

27
Me109G-6（Wk-Nr 164982）MT-456「黄の6」
1944年6月　ラッペーンランタ　第24戦闘機隊第1中隊
オツォ・レスキネン少尉

MT-456は1944年6月25日に第24戦闘機隊第1中隊に配属され、レスキネン少尉の恒常的な乗機となった。4日後、彼はこの機体でYak-9を撃墜して、彼の唯一の戦果をあげた。レスキネンはその後中尉に進級し、カレリア地峡におけるソ連軍攻勢が1944年7月18日に終了するまで、彼の「4つ指」を率いて数多くの爆撃機護衛作戦を行った。

28
Me109G-6（Wk-Nr 165461）MT-476「黄の7」
1944年7月　ラッペーンランタ　第24戦闘機隊第3中隊
ニルス・カタヤイネン曹長

1944年5月にニルス・カタヤイネンがMe109Gに転換するまでの戦果は17.5機に増加した（すべては第24戦闘機隊第3中隊の隊員のときにブルーステルであげたものである）。6月23日から7月5日までの間に、彼は主としてMT-436とMT-462で彼の総戦果にさらに18機を加えた。7月3日は彼はMT-462を戦闘で損傷を受けた後、ヌイヤマーに不時着した。エースは無傷で現れたが、48時間後はそれほど幸運ではなかった。Yak-9を撃墜したすぐ後、彼はMT-476で2機目のヤコブレフ戦闘機から射撃を受け、ラッペーンランタへの途中、高速で墜落した。彼は196回の出撃で35.5機の撃墜を報告し、当然、マンネルヘイム十字章を授章した。

29
Me109G-2（Wk-Nr 13577）MT-225「黄の5」
1944年5月　スーラ湖　第24戦闘機隊第1中隊
ラウリ・ニッシネン中尉

第24戦闘機隊に配備された最初のMe109。この機体は1944年4月4日に、ラウリ・ニッシネンに割り当てられた。10日後に彼はこの機体を使用して、事前通告なしでフィンランド空域に侵入し、視認できる国籍マークも有しなかったJu188偵察機を撃墜した。MT-225は6月7日の戦闘の後、9.5機撃墜のエース、ヴィルヨ・カウッピネン上級軍曹が不時着させ抹消された。先に述べたようにラウリ・ニッシネンは、6月17日に12.5機撃墜のエース、ウルホ・サルヤモ中尉のMT-227（撃墜されてその右翼を欠いていた）の残骸と空中衝突して死亡した。彼は戦闘中に死亡した唯一のマンネルヘイム十字章授章者である。彼が死亡したときの戦果は32.5機撃墜であった。

30
Me109G-6/R6（Wk-Nr 165342）MT-461「黄の6」
1944年7月　ラッペーンランタ　第24戦闘機隊第3中隊
キィヨスティ・カルヒラ中尉

非常に経験豊富な「キョッシ」・カルヒラは、1944年6月30日に負傷したハンス・ウィンドに代わって第24戦闘機隊第3中隊の指揮官となった。彼は1943年4月20日に第34戦隊へ移動するまで、2年間を第32戦隊（彼はカーチス・ホーク75Aで13機の戦果をあげた）に勤務していた――彼は第34戦隊でさらに7機の戦果をあげた。第24戦闘機隊第3中隊に到着するとともに彼はMe109G-6/R6 MT-461を割り当てられたが、彼はグスタフのこの型の「ガンボート」仕様のままとすることを選んだ数少ないパイロットのひとりである。カルヒラはこの機体で8機の戦果を報告し、その最後は7月18日（ソ連軍の攻勢の最終日）に落として彼の戦果を304回の出撃による32機とした。

31
Me109G-6（Wk-Nr 163627）MT-437「黄の9」
1944年6月　ラッペーンランタ　第24戦闘機隊第3中隊
レオ・アホカス上級軍曹

アホカスは継続戦争の開始時には第32戦隊に勤務しており、1941年8月11日に第24戦隊第3中隊に移動した。彼は1944年春にBf109Gに転換する前に、ブルーステルで7機（そのうち4機がBW-351）の撃墜戦果をあげた。1944年5月4日、転換の過程で彼はMT-242をMT-236に衝突させ、両機を廃機としMT-236のパイロットを殺した。6月19日、彼はMT-437を割り当てられたが、6月28日にコスティ・ケスキヌンミが、重大な戦闘損傷を受けた後に不時着させて登録抹消となった。アホカスの最後の機体となったのは、MT-480であった。この機体は7月7日に彼に割り当てられた。彼は3日後にこの機体を使用して1機のLa-5を撃墜し、彼の最終的な戦時戦果を189回出撃による12機とした。

32
Me109G-6（Wk-Nr 167310）MT-504「黄の1」
1944年9月　ラッペーンランタ　第24戦闘機隊第1中隊

この機体は1944年8月25日にアンクラムからフィンランドに飛来した。その到着時には完全な枢軸国東部戦線戦術マーキングが施されていた。本機は継続戦争の最後の日（1944年9月4日）に、第24戦闘機隊第1中隊に引き渡された。そしてその黄色のマーキングは、休戦条件によりすぐ後に上塗りされた。

33
Me109G-6/R6（Wk-Nr 165347）MT-465「黄の7」
1944年7月　ラッペーンランタ
第24戦闘機隊第2中隊　アッテ・ニュマン中尉

アッテ・ニュマンは1943年5月2日に第2中隊の隊員となったが、彼はブルーステルでは1機の戦果も報告しえなかった。彼はMe109Gで1944年夏季攻勢中に最終的に「エースとなった」。この機体は彼に割り当てられた、最後のグスタフ（1944年6月28日に本機で1機の撃墜戦果をあげる）であった。元来は「ガンボート」仕様（引き渡された14機のMe109G-6/R6の1機）であったが、その翼機関砲はすぐにフィンランド側で撤去された。機体のコクピットのすぐ後ろに描かれた機体番号は、この機体が第2中隊に所属することを示す。アッテ・ニュマンは150回の出撃で、きっちり5機の撃墜戦果をあげた。

34
Me109G-6/R6（Wk-Nr 165249）MT-477「黄の7」
1944年7月　ラッペーンランタ　第24戦闘機隊第1中隊
ミッコ・パシラ中尉

MT-477は、翼機関砲を撤去したまたべつの「カノーネンボーテ」である。ミッコ・パシラは戦争の最後の2ヵ月間この機体で飛んだ。ただし彼の10機の戦果（ブルーステルとメッサーシュミットで均等に分けられる）の1機をも、この機体ではあげられなかった。彼は200回ちょうどの出撃を遂行した。

35
Me109G-6（Wk-Nr 165001）MT-460「黄の8」
1944年7月 ラッペーンランタ 第24戦闘機隊第3中隊
エミル・ヴェサ上級軍曹
エミル・ヴェサは1941年12月3日から戦争が終結するまで通して、第24戦隊第3中隊に勤務した。彼はブルーステルで9.5機の撃墜（1942年はほとんどをBW-351で、翌年はBW-357で）を報告した後、1944年4月にMe109Gに移行した後、それ以上の成功を享受した。ソ連の夏季攻勢時に、ヴェサはMT-438で飛んだが、1944年6月28日に戦闘で損傷を受けた後、不時着せざるをえなかった。彼はその後MT-460を割り当てられ、G-6で6月30日から7月19日までに、8機の撃墜を報告することになる。ヴェサは198回出撃し29.5機の撃墜戦果をあげた。この機体が第3中隊に配備されていたことは、尾翼に機体番号があることが示している。

36
Me109G-6（Wk-Nr 164932）MT-431 1944年8月
ラッペーンランタ 第24戦闘機隊第2中隊
ペッカ・シモラ上級軍曹
このG-6は1944年6月19日にフィンランドに到着し、すぐに第34戦闘機隊第3中隊に送られた。そこでたった3日後に着陸で損傷を受けた。国営航空機製作所ですみやかに修理を受けた後、8月23日、同機は第24戦闘機隊第2中隊に引き渡され、ペッカ・シモラに割り当てられた。彼はMS.406を装備した第14戦隊から移動したばかりで、本機とほとんど同時に部隊に到着したため、遅すぎて全く戦闘飛行は行っていない。この機体の目立つ黒く塗られた断片は、この時期の標準的なフィンランド空軍迷彩スキームである。

37
グロスター・ゲームコックⅡ（c/n3）GA-46
1938年9月 ウッティ 第24戦隊
GA-46はライセンスにより国営航空機製作所で製作され、1929年12月5日に地上基地飛行連隊（MLE）に引き渡された。1933年7月15日、ウッティが第1航空基地（LAS1）となったとき、地上基地飛行連隊は第10戦隊（LLv10）と第24戦隊（LLv24）に分割された。ゲームコックは後者に送られた。GA-46は、部隊でのその長い期間中に1回オーバーホールを受け、1938年9月26日まで第24戦隊にあった。そして空軍戦闘機学校に移管された。

38
デ・ハヴィランド60Xモス（c/n8）MO-103
1942年7月 ヒルヴァス 第24戦隊
このモスは1929年に民間企業のヴェルイェクセット・カルフマキ社で製作され、冬戦争の勃発直前に空軍に移管された。1940年12月19日第24戦隊に引き渡され、この複葉機は1942年6月10日にそのエンジンが飛行中に停止するまで、部隊の連絡機として使用された。モスのパイロットのエミル・ヴェサ軍曹（後に29.5機撃墜のエースとなる）は、うまく機体を密生した森の中に墜落させ、2名の搭乗者とも負傷して脱出したものの、機体は登録を抹消された。

39
VLヴィーマⅡ（c/n13）VI-15 1943年10月
スーラ湖 第24戦隊
ヴィーマ初等練習機は国営航空機製作所で設計され、このイラストの機体は1939年に製作された。本機は1943年6月3日に第34戦隊から第24戦隊に引き渡されたが、その滞在は長く定められたものではなく、VI-15は1943年10月16日に爆撃機戦隊である第46戦隊の「働き馬」として移管された。VI-15はこの時期には典型的な訓練任務を止めた。同様に塗装されたVI-12は、より長い期間第24戦隊で運用された。

40
VLピィリィⅠ（c/n32）PY-33 1941年6月
ヴェシヴェフマー 第24戦隊
ピィリィ高等練習機は、また別の国営航空機製作所設計の機体である。本機は1941年4月29日に評価のため新たに第24戦隊に引き渡され、試験が終了した後、1941年7月5日に空軍戦闘機学校に移管された。すべての高等練習機は、前線の形式と同様に塗装されていた。

■カバー裏イラスト
ブルースター・モデル239 BW-364「オレンジの4」
1942年12月 スーラ湖
BW-364は、1941年6月から1943年2月まで、第24戦隊第3中隊の「イッル」・ユーティライネンに割り当てられたもので、この機体で28機という驚くべき戦果をあげたときのものである。尾翼のマーキングは、D.XXIでの2機とこの時期までのブルーステルでの34機の戦果を示したものである。1942年4月26日、ユーティライネンは第24戦隊で、マンネルヘイム十字章を授章した最初のパイロットとなった。フィンランドの高位エースとして、彼は全部で94機の戦果で戦争を終えた。

◎著者紹介 | カリ・ステンマン Kari Stenman

カレヴィ・ケスキネン氏とともにフィンランド空軍研究の第一人者として知られる。フィンランド空軍機とパイロットの記録を克明に調査し、ケスキネン氏とのコンビで1960年代後半から数多くの著作を発表。フィンランド国内はもちろん、海外でも大きな関心と高い評価を得ている。

カレヴィ・ケスキネン Kalevi Keskinen

フィンランド国防省に勤務ののちフィンランド空軍史の研究家となり、第二次大戦前から終戦時までの写真資料を収集。カリ・ステンマン氏と共著で発表した、『フィンランド空軍史』をはじめとする数多くの著作は、2人の粘り強い調査とパイロット本人への取材の積み重ねから生まれたものである。

◎訳者紹介 | 齋木伸生（さいきのぶお）

1960年東京都生まれ。早稲田大学政治経済学部博士課程修了。経済学士、法学修士。外交史と安全保障を研究、ソ連・フィンランド関係とフィンランドの安全保障政策が専門。現在は軍事評論家として取材、執筆活動を行っている。主な著書に『ソ連戦車軍団』（並木書房）、『タンクバトル』『ドイツ戦車発達史』（光人社）、『欧州火薬庫潜入レポート』『世界の無名戦車』（三修社）など。フィンランド軍事史に関する訳書に『フィンランドのドイツ戦車隊』『フィンランド航空戦史1・第2飛行団戦闘機写真集』（大日本絵画）などがある。

オスプレイ軍用機シリーズ49
フィンランド空軍第24戦隊

発行日	2005年3月9日　初版第1刷
著者	カリ・ステンマン カレヴィ・ケスキネン
訳者	齋木伸生
発行者	小川光二
発行所	株式会社大日本絵画 〒101-0054 東京都千代田区神田錦町1丁目7番地 電話：03-3294-7861 http：//www.kaiga.co.jp
編集	株式会社アートボックス http：//www.modelkasten.com/
装幀・デザイン	関口八重子
印刷／製本	大日本印刷株式会社

©2001 Osprey Publishing Limited
Printed in Japan
ISBN4-499-22859-X C0076

Lentolaivue 24
Kari Stenman Kalevi Keskinen
First Published In Great Britain in 2001,
by Osprey Publishing Ltd, Elms Court,
Chapel Way, Botley Oxford, Ox2 9Lp.
All Rights Reserved.
Japanese language translation
©2005 Dainippon Kaiga Co., Ltd

ACKNOWLEDGEMENTS
The Authors wish to thank Carl-Fredrik Geust for providing details of Soviet units and operations on the Finnish front, this information having been sourced from original documentation found in Russian archives kept near Moscow and St Petersburg.